版式设计

崔建成 袁 媛 著

U0252961

清华大学出版社
北京

内容简介

本书力图将抽象的版面设计和实际联系起来,具有实用性、可操作性和系统性,注重引导、开发读者的创造性思维能力。本书主要分为理论和练习两个部分,以版面设计的多个方面为导向。每一章节首先突出理论部分,然后引入实际案例并进行分析,阐述了文字与文字、文字与图形、空间与色彩、整体与局部之间合理的安排与处理方法,将版式设计的全过程以通俗易懂、直接明了的方式表现出来。最后,还有作业供读者练习,让读者巩固知识。

本书可作为普通高等院校艺术设计专业教材使用,也可作为设计排版机构培训教材使用。

图书在版编目(CIP)数据

版式设计 /崔建成,袁媛著.—北京:清华大学出版社,2017(2024.8重印)
ISBN 978-7-302-46335-1

Ⅰ. ①版… Ⅱ. ①崔… ②袁… Ⅲ. ①版式—设计 Ⅳ. ①TS881

中国版本图书馆CIP数据核字(2017)第021381号

责任编辑: 杜长清 邓 艳
封面设计: 刘 超
版式设计: 刘艳庆
责任校对: 何士如
责任印制: 杨 艳

出版发行: 清华大学出版社
　　　　　　网　　　址:https://www.tup.com.cn, https://www.wqxuetang.com
　　　　　　地　　　址:北京清华大学学研大厦A座　　　　　邮　　编:100084
　　　　　　社 总 机:010-83470000　　　　　　　　　　　邮　　购:010-62786544
　　　　　　投稿与读者服务:010-62776969, c-service@tup.tsinghua.edu.cn
　　　　　　质 量 反 馈:010-62772015, zhiliang@tup.tsinghua.edu.cn
印 装 者: 涿州汇美亿浓印刷有限公司
经　　销: 全国新华书店
开　　本: 210mm×285mm　　**印　　张:** 8.5　　　　**字　　数:** 290千字
版　　次: 2017年9月第1版　　　　　　　　　　　　　**印　　次:** 2024年8月第6次印刷
定　　价: 59.00元

产品编号:070522-03

序言

版式设计是一门综合性非常强的课程，它涉及色彩、字体、构图、图形图像、空间等诸多因素，是视觉传达的重要手段。

没有什么人是天生的设计者，就像学钢琴、游泳一样，设计能力是靠后天的学习和不断练习形成的。相信我们，跟随我们的脚步，你也将成为一名优秀的设计师。

本书从名片设计、宣传资料、DM设计、海报设计、书籍设计、杂志设计、VI手册编排设计、网页的编排设计等诸多方面着手，强调课题模块化教育方式，以实际运用为根本，注重引导、开发读者的创造性思维能力。

书中的每一章节首先突出理论部分的重要性，然后引入实际案例进行分析，阐述了文字与文字、文字与图形、空间与色彩、整体与局部之间合理的安排与处理方法，将版式设计的全过程以通俗易懂、直接明晰的方法表现出来。本书力求实用性、可操作性、系统性，达到内容与形式的完美统一，从而使作品达到视觉与心理的完美融合。

书中所有案例都是作者的原创设计作品，但仍可能存在瑕疵，希望读者提出宝贵意见！

编者

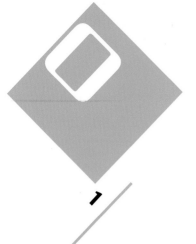

第 0 章　基础理论　　**2** / 概述

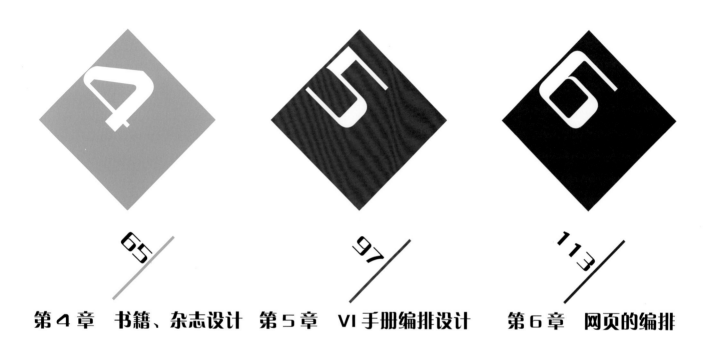

第 0 章 基础理论

概 述

　　版式设计是现代设计艺术的重要组成部分，是视觉传达的重要手段。

　　所谓版式设计，就是在有限的版面空间里，将视觉元素——文字、图片（图形）、线条和颜色等进行有机的排列组合，并运用造型要素及形式原理，融入个性化的理性思维，把构思与计划以视觉形式表达出来，它是具有个人风格和艺术特色的视觉传达方式。其传达信息的同时，也产生感官上的美感。

　　所以版式设计不仅是一种技能，更实现了技术与艺术的高度统一。因此，版式设计可以说是现代设计者所必备的基本功之一。

版式设计范畴

版式设计涉及报纸、刊物、书籍（画册）、产品样本、挂历、招贴画、直邮广告（DM）、企业形象（CI）、唱片封套、包装装潢和网页页面等平面设计各个领域。它已成为人们理解时代和认同社会的重要界面。

版式设计本身并不是目的，一个成功的排版设计，首先必须明确设计的目的，并深入了解、观察、研究与设计有关的方方面面，版面离不开内容，更要体现内容的主题思想，用以增强读者的注目力与理解力。只有做到主题鲜明突出，一目了然，才能达到版面构成的最终目标。

版式设计是实用性极强的艺术，它最终要符合市场和内容表达的要求，不能过分追求个性风格和情感宣泄。它还要受许许多多条框的限制。因此要悉心研究它们与设计之间的内在联系，找到矛盾的焦点和设计的支撑点，方能创造、设计好的作品。

版面的含义

版面指在书刊、报纸等媒介的页面中图文和空白部分的总和。它包括版心和版心周围的空白部分，即书刊一页纸的幅面。它是将文字、图形、色彩等通过点、线、面的组合与排列构成的，并采用夸张、比喻、象征等手法来体现视觉效果。这样既美化了版面，又提高了传达信息的功能。

版面语言是由版面要素组成的，版面要素主要包括版心、空白、栏区、标题、文字、插图、图形图像、装饰线、花边、底纹以及页码等。它们不仅是版式结构的基本要素，也是形成版面设计风格的重要基础，会使版面语言更加生动、活泼。

编排与设计首先要考虑到的是版心，而作为读者，也是首先在版心上形成基本感受的。版心的设计主要包括版心尺寸（大小）和版心在版窗中的位置设计。版心的大小，也可以说是空白的大小，是十分重要的，它可以决定给人的印象。甚至相同的文字、相同的照片，因版心大小及所留空白不同，会给人以不同的印象。版心大、空白小的版页富有生气，显得信息丰富；版心小、空白大的版面显得有品位，给人以格调高雅的恬静感觉，能让人以舒适的心情去阅读。

① 版心：位于版面中央、排有正文文字（图像、符号等）的部分。

② 书眉：排在版心上部的文字及符号统称书眉。包括页码、文字和书眉线。一般用于检索篇章。

③ 页码：书刊正文每一页（或单双页或集中在一页）都排有页码，一般页码排于书籍切口一侧。

④ 注文：又称注释、注解。它是对正文内容或某一字所做的解释和补充说明。排在字行中的称夹注。排在每页下端的称脚注或页（面）后注。排在每篇文章之后的称篇后注，排在全书之后的称书后注。在正文中标识注文的号码称注码。

⑤ 开本：版面的大小称作开本。开本以全张纸为计算单位，全张纸裁切和折叠多少张就称多少开本。

⑥ 切口：除订口边外的其他各边。

基础理论 ◆

在制作印刷品的时候，必须首先确定开本的大小。

印刷出来的杂志的开本大小对页面的排版设计有很大的影响，而且这也是与媒体定位密切相关的重要因素。

版面尺寸的确定方法

① 结合媒体考虑开本类型的选择

在决定所采用的开本类型的时候，首先需要考虑的因素就是印刷品的特征以及其定位。对于像杂志这样既重视视觉形式，又包含大量信息的媒体来说，有时候需要采用较大的开本。小说这类以文字为主的图书有时候需要考虑携带和保存等因素而选用较小的开本。

其次也需要考虑到书籍、杂志摆放在书架上的状态，特殊规格的开本会因为与其他书籍不同而引起读者的注意。但是，对于那些连载类型的图书来说，采用同一大小的开本会给人带来"这是一个系列"的印象。

一般的月刊等杂志多采用 B4 开本或 A4 开本，周刊多采用 B5 开本，而书籍则多采用 A5 开本或者 B6 开本，文库本图书多采用 A6 开本。

② 考虑到纸张的使用来决定开本的类型

开本的类型与所使用纸张的原大小有很大的关系。A 型、B 型等标准规格的开本，在尺寸的设定上已经充分确保了对纸张的高效率使用。在采用特殊规格的时候，如果不认真地计算纸张的使用，就会造成纸张的浪费，从而造成印刷成本的提高。

虽然在纸张的选择上需要考虑到印刷的特性以及纸张的质感等各种不同的问题，但同时也可以从所选用纸张的原大小的角度来考虑纸张的剪裁方式，这一点也非常重要。因此，需要将两方面的因素结合考虑来决定开本的大小。抓住这些问题的关键向编辑或者广告主提出设计方案应该比较容易被采纳。

③ 考虑到装订成册或装订成书时的页边空白来决定开本的大小

对于页数较多的印刷品来说，考虑到装订成册或者成书时的加工程序也是非常有必要的。根据装订方式的不同，不仅翻开册子时的方便程度会有所不同，而且对于订口附近所编排的内容来说，其阅读方便程度也会发生变化。例如，当从页面中间装订的时候，为了使册子更容易打开，可以缩小页面另外三边空白的大小。

另一方面，如果从中间装订的话，那么页数就会增加，同时根据裁纸方式的不同，内侧的折页尺寸会小于外侧的折页，这样的问题也经常出现。因此，有必要根据每一折页的顺序依次调整 1mm 的页面宽度。

就像这样，设计师需要在考虑开本大小的同时来决定页边的留白空间以及页面的排版安排。在进行页面排版设计时，考虑到印刷实际操作过程中的问题也是非常必要的。

《坎贝尔浓汤罐头》

玛格玛丽莲·梦露

梦露 等知名人物由漠

丝式照片的印象及绢印的技巧，创作了反复印象的独特绘画。

《梦露》

《可口可乐》

7

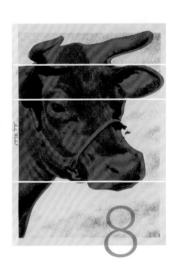

8

一、版式视觉空间的构成要素

点、线、面是构成视觉空间的基本元素，也是排版设计上的主要语言。不管版面的内容与形式如何复杂，但最终可以简化到点、线、面上来。在平面设计家眼里，世上万物都可归纳为点、线、面：一个字母、一个页码数，可以理解为一个点；一行文字、一行空白均可理解为一条线；数行文字与一片空白，则可理解为面。它们相互依存，相互作用，组合出各种各样的形态，构建成一个个千变万化的全新版面。

1. 点在版面上的构成

点的感觉是相对的，它是由形状、方向、大小、位置等形式构成的。这种聚散的排列与组合，带给人们不同的心理感应。点可以成为画龙点睛之"点"，和其他视觉设计要素相比，点形成画面的中心，也可以和其他形态组合，起着平衡画面轻重，填补一定的空白，点缀和活跃画面气氛的作用；还可以组合起来，成为一种肌理或其他要素，衬托画面主体。

2. 线在版面上的构成

线游离于点与形之间，具有位置、长度、宽度、方向、形状和性格等特征。每一种线都有它自己独特的个性与情感。直线和曲线是决定版面形象的基本要素。将各种不同的线运用到版面设计中去，就会获得各种不同的效果。所以说，只要设计者能善于运用它，就等于拥有一个最得力的工具。

线的性质在编排设计中是多样性的。在许多应用性的设计中，文字构成的线，往往占据着画面的主要位置，成为设计者处理的主要对象。线也可以构成各种装饰要素以及各种形态的外轮廓，它们起着界定、分隔画面各种形象的作用。

线从理论上讲，是点的发展和延伸。作为设计要素，线在设计中的影响力大于点。线要求在视觉上占有更大的空间，它们的延伸带来了一种动势。线可以串联各种视觉要素，可以分割画面和图像文字，可以使画面充满动感，也可以在最大程度上稳定画面。

3. 面在版面上的构成

面在空间上占有的面积最多，因而在视觉上要比点、线来得强烈、实在，具有鲜明的个性特征。面可分成几何形和自由形两大类。因此，在排版设计时要把握点，线和面的比例，才能产生具有美感的视觉形式。在现实的排版设计中，面的表现也包容了各种色彩、肌理等方面的变化，同时面的形状和边缘对面的性质也有着很大的影响，在不同的情况下会使面的形象产生极多的变化。

二、版式设计的原则

版式设计就是通过各种视觉元素的合理组织，让人理解版面所传达的信息，领会设计师的设计意图。无论技术如何发展，版式设计的领域及风格如何变迁，它的最终目的都是让观者在享受美感的同时，接受和理解设计者想要传达的信息。为了这一设计目的，版式设计始终要把握如下基本原则：

1. 突出主题

通过版面来传达信息，首先要确保主题的鲜明性。清晰、悦目的版面能更好地突出设计主题，有助于增强读者对版面的注意与理解。同时要使版面拥有良好的传导力，更鲜明地突出诉求主题，还可以通过主次关系、空间层次以及视觉元素，有组织、有序的把握来达到目的。

2. 强化整体布局

强化整体布局是加强版面可读性，突出个性风格的一种手法。该手法强调将版面的各种视觉要素在编排结构及色彩组织上做整体设计，以加强版面视觉效果的统一性。

强化整体布局要依不同的版面设计形式而定。当图和文字较少时，则需以周密的组织和定位来获得版面的秩序感。

另外，要特别注意展开页的整体性，无论是产品目录的展开版，还是跨页版，均为在同一视线下展示，这样有助于加强整体性，可获得更好的视觉效果。

3. 确保内容与形式统一

形式与内容的统一是版式设计始终要遵循的原则。只讲究完美形式而脱离内容的版式，或是只注重内容而缺乏艺术表现力的版式，都不能算是成功的设计。只有在设计者充分领会主题内容的前提下，将艺术表现形式与个人思想情感相融合，才能使形式与内容完美统一，版式设计才会体现出它独具特色的魅力。

三、版式编排的基本能力

版式设计不同于字体设计或是图形创意，它要求设计者必须具备很强的综合素质，如要有良好的审美鉴赏能力、版面理论知识和相关的技术能力、良好的沟通能力、一定的艺术个性表现和创造性的思维能力。具体有以下几点：

1. 设计者必须具备一定的图形处理和编排软件的操作技能；

2. 有通过研究客户需求、收集与其版面主题内容相符的文字、图形、图像的能力；

3. 具备基本版面语言的处理能力，掌握一定的印刷输出实践知识；

4. 具备一定的文化艺术修养，具备良好的审美鉴赏能力。

四、版式设计中常见的编排手法

1. 上下型

上下型版式把整个版面分为上下两个部分，在上半部或下半部配置图片，另一部分则配置文案。配置有图片的部分感性而有活力，而文案部分则理性而静止。上下部分配置的图片可以是一幅或多幅。

2. 左右分割型

左右分割型版式把整个版面分割为左右两个部分，分别在左或右配置文案。当左右两部分形成强弱对比时，则造成视觉心理的不平衡。这仅仅是视觉习惯上的问题，也自然不如上下分割的视觉流程自然。不过，倘若将分割线虚化处理，或用文字、色块、线条等设计元素进行左右重复或穿插，左右图文则变得自然和谐。

3. 中轴型

中轴型版式将图形做水平或垂直方向的排列，文案以上下或左右配置。水平排列的版面给人稳定、安静、和平与含蓄之感。垂直排列的版面给人较强的动感或肃穆感。

4. 对称型

对称型版式给人稳定、庄重、理性的感觉。对称分为绝对对称和相对对称。一般多采用相对对称，以避免过于严谨而呆板。对称一般以左右对称居多。

5. 重心型

重心型版式易产生视觉焦点，使其重点更加突出。重心型一般有三种表现类型：
①直接以独立而轮廓分明的形象占据版面中心。
②向心：视觉元素向版面中心聚拢的运动。
③离心：版面构成要素向外做发散状编排。

6. 骨骼型

骨骼型版式是一种理性的分割区域的方法。常见的骨骼有竖向通栏、双栏、三栏、四栏和横向通栏、双栏、三栏和四栏等。一般以竖向分栏为多。在图片和文字的编排上则严格按照骨骼比例进行编排配置，给人以严谨、和谐、理性的美感。这种经过相互混合后的版式，既理性、条理，又不失活泼。

7. 边角型

边角型版式在版面的四个边角安排图形、图片。如果图片只占据一个角，画面给人活泼简洁之感，但是要注意与其他设计元素取得视觉上的平衡，避免头重脚轻或脚重头轻；图片占据上下对应的两个角的编排，视觉较容易取得平衡；版面四角以及连接四角的对角线结构上编排图形，给人严谨、规范的感觉。

8. 并置型

并置型版式将相同或不同的图片作大小相同而位置不同的重复排列。其构成的版面有比较、说解的意味，给予原本复杂喧嚣的版面以次序、安静、调和与节奏感。

9. 自由型

自由型版式将文字和图片做随意的散点式的安排，它的结构是无规律的、随意的编排，有活泼、轻快之感，是非常现代的设计手法。

10. 曲线型

曲线型版式将图片或文字在版面结构上作曲线的编排构成，产生音乐般的节奏和韵律。

11. 倾斜型

倾斜型版式指版面主体形象或多幅图片及文字做倾斜编排，造成版面强烈的动感和不稳定感，引人注目。

12. 满版型

满版型版式指图像充满整版版面，主要以图像为诉求对象，视觉传达直观而强烈。文字的配置在图像的某个部位做辅助说明及点缀之用。满版型给人以大方、舒展的感觉，是商品广告常用的形式。因此，使用此类型时，编排图片的质量至关重要。

对称型

自由型

基础理论

第 1 章　名片版面编排与设计

理论部分

名片是"绘画性"兼具"设计性"的视觉媒体。过去的名片设计大多以简单扼要为主，现在所使用的名片，则比以往有趣多了，字体表现、色块表现、图案表现、色彩表现、装饰表现，甚至是排版都有变化。因此名片不再是一张简单而没有生气的纸片，它变成人与人初次见面时，加深印象的一种媒介。

名片的意义

名片的意义有两个方面，要依据名片持有人的具体情况而分析。

① 宣传自我。一张小小的名片上，最主要的内容是名片持有者的姓名、职业、工作单位、联络方式 (E-mail) 等，通过这些内容把名片持有人的简明个人信息标注清楚，并以此为媒体向外传播。

② 宣传企业。名片除标注清楚个人信息资料外，还要注明企业资料，如企业的名称、地址及企业的业务领域等。具有 CI 形象规划的企业名片纳入办公用品策划中，这种类型的名片中企业信息最重要，个人信息是次要的。在名片中同样要求使用企业的标志、标准色、标准字等，使其成为企业整体形象的一部分。

因此说名片也是信息时代的联系卡。在数字化信息时代中，每个人的生活工作学习都离不开各种类型的信息，名片以其特有的形式传递企业、个人及业务等信息，很大程度上方便了我们的生活。

名片的构成要素

通常在设计名片时，形式、色彩和图案都依 CI 手册或信笺设计；尺寸和形状常配合皮夹的大小来裁切；内容则由客户来决定。为了使设计不落俗套，应多发挥设计师独创性和有活力的设计，使设计的名片有别于一般传统的名片。名片设计的表现手法虽因行业、诉求角度或客户而有所不同，但是构成画面的素材大致是一定的，这些素材就是名片设计的要素，称为名片设计的"构成要素"。

① 属于造型的构成要素

插图：象征性或装饰性的图案。

标志：图案或文字造型的标志。

商品名：商品的标准字体，又叫合成文字或商标文字。

饰框、底纹：美化版面、衬托主题。

② 属于方案的构成要素

公司名：包括公司中英文全名与营业项目。

标语：表现企业风格的完整短句。

人名：名片持有人的中英文职称、姓名。

联络资料：中英文地址、固定电话、移动电话、传真号码。

业务领域：包括主营与兼营项目。

③ 其他相关要素：

色彩 (色相、明度、彩度的搭配)。

编排 (文字、图案的整体排列)。

名片的设计

名片作为独立媒介，在设计上要讲究其艺术性。但它同艺术作品有明显的区别，它不像其他艺术作品那样具有很高的审美价值，可以去欣赏，去玩味。在大多情况下，它不是为了引起人的专注和追求，而是便于记忆，具有更强的识别性，让人在最短的时间内获得所需要的情报。因此名片设计必须做到文字简明扼要，字体层次分明，设计意识突出，艺术风格新颖。

1. 名片设计的程序

名片设计之前首先要了解以下三个方面

① 了解名片持有者的身份、职业。

② 了解名片持有者的单位及其单位的性质、职能。

③ 了解名片持有者及单位的业务范畴。

2. 独特的构思

所谓构思是指设计者在设计名片之前的整体思考。一张名片的构思主要从以下几个方面考虑：使用人的身份及工作性质，工作单位性质，名片持有人的个人意见及单位意见，制作的技术问题，最后是整个画面的艺术构成。因为名片设计的完成是以艺术构成的方式形成画面，所以名片的艺术构思就显得尤为重要。

独特的构思来源于对设计的合理定位，来源于对名片的持有者及单位的全面了解。一个好的名片构思要经得起以下几个方面的考核：

① 是否具有视觉冲击力和可识别性。

② 是否具有媒介主体的工作性质和身份。

③ 是否别致、独特。

④ 是否符合持有人的业务特性。

3. 设计定位

依据对前三个方面的了解，确定名片的设计构思，确定构图、字体、色彩等。

【练习1】

题目：设计一张商务名片。

要求：具有商务名片特征，版式简洁，能有效传递信息。

图 1-1　新建文档

首先介绍一下 AI、IN DESIGN（以后简称 ID）和 PS 这三个软件。它们都属于矢量软件，三者在功能上的区别在于：AI 是强大的路径处理软件，可以用来创作高端技法的插画；ID 则是地道的排版软件，可以处理大量的内页及图文信息，使用起来方便快捷；PS 是一款功能强大的平面处理和平面设计软件。

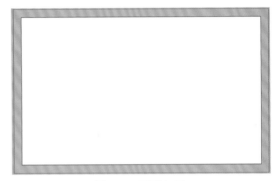

图 1-2　页面打开

1. 在 PS 软件中新建文件，将其命名为"商务名片"，其他参数设置如图 1-1 所示，单击"确定"按钮，效果如图 1-2 所示。

2. 打开矢量素材"标志"文件，将其复制至新建文档中。按住 Shift 键等比例调整至所需大小，效果如图 1-3 所示。

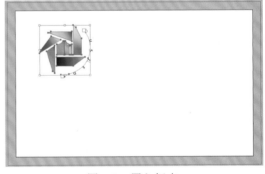

图 1-3　置入标志

3. 激活文字工具，输入相关文字信息，如图 1-4 所示，选择文字后，可以通过单击属性栏中的"字符"按钮，在弹出的浮动面板中，更改字体和大小等，效果如图 1-5 所示。

图 1-4　更改字体字号

图 1-5　键入所有信息

图 1-6　调整字体和位置

图 1-7　置入辅助图形

图 1-8　天眉、地脚的比例

4. 其他文字都可如此以文本块的形式输入，然后开始排版，效果如图 1-6 所示。

5. 商务名片设计切忌花哨，在文字和图形的位置编排上需要找一定的规律，否则显得杂乱无章。如图 1-7 所示，将版式分为 4 个部分排列，仔细调整字体大小和上下左右各部分的位置关系。如果觉得版面过于单调还可以把 LOGO 中的元素加入版面，更改不透明度为 23%。

6. 名片的背面设计可以相对简单，但要注意"地"要比"天"宽一些，如图 1-8 红色箭头所示，视觉感觉上更舒适。反之，则有下坠之感。名片完成效果如图 1-9 所示。

图 1-9　完稿

【延伸练习1】

——如何使用 AI 制作 LOGO

5. 依次用钢笔工具绘制完成其他两个图形，仔细调整它们的大小与位置，效果如图 1-15 所示。

6. 激活钢笔工具，围绕 LOGO 绘制如图 1-16 所示半圆形的开放路径。

7. 激活"文字工具"，将光标插入路径的一端，键入或粘贴文字后再通过点击空格键调整字间距。设置英文字体为微软雅黑，效果如图 1-17 所示。

8. 激活"选择工具"选中其中一个图形，点击右侧隐藏工具栏中的"渐变"，弹出如图 1-18 所示浮动面板，设置类型为"线性"，调整角度至适当位置。

9. 通过添加或删除滑块，依次改变颜色，完成 LOGO 设计，效果如图 1-19 所示（把鼠标悬停在色条下方会出现一个加号，单击会添加滑块，点住滑块拖离色条则会删除滑块）。

有时 LOGO 需要放大很多倍印刷，例如楼顶的广告牌。所以，用 AI 设计 LOGO 是非常有效的手段。下面以基金会 LOGO 为例进行介绍。

TIPS：
可以把草图扫描或拍摄成图片后在 AI 中打开，然后依葫芦画瓢来创作。

1. 激活钢笔工具，绘制如图 1-10 所示的图形。

2. 为了更好地显示路径，可以为其填充蓝色。激活直接选择工具，按住 Alt 键复制两个同样的图形。如图 1-11 所示。激活直接选择工具，选择锚点并改变锚点位置，最终效果如图 1-12 所示。

3. 下面绘制中央"书"的图形。激活钢笔工具绘制左边的图形，然后再激活直接选择工具，按住 Alt 键再复制一个相同图形。单击鼠标右键，在弹出的下拉菜单中选择"变换"→"对称"命令，在如图 1-13 所示的对话框中选择相应参数，单击"确定"按钮完成复制。

4. 激活钢笔工具，绘制一个白色区域的图形覆盖其上就形成了如图 1-14 所示书页的效果。

图 1-10　钢笔工具画图

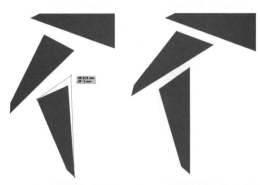

图 1-11　用锚点调整图形　图 1-12　调整后的局部

图 1-13　垂直镜像工具

图 1-17　路径文字效果

图 1-14　标志局部图形制作

图 1-18　添加标志渐变色

图 1-15　标志图形部分完稿

图 1-19　标志完稿效果

图 1-16　路径添加文字

【练习2】

题目：设计创意名片。

要求：色彩鲜艳，视觉冲击力强，两张成系列。

图 1-20　卡片背景

TIPS：

在制图过程中为了防止底色被鼠标移动，可以先选中底色，单击菜单栏"对象→锁定→所选对象"项，底色就不会被移动了。

1. 新建一个90mm×54mm的竖式文档。激活"矩形工具"中的"圆角矩形"，绘制一个充满整个画面且覆盖至"出血"的圆角矩形，然后填充紫红色作为底色，效果如图1-20所示。

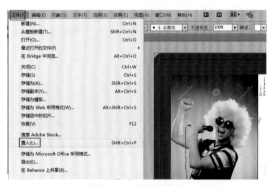

图 1-21　置入图片

2. 执行菜单"文件"→"置入"命令，在弹出的对话框中选择要置入的图片素材，如图1-21所示。

3. 执行菜单"窗口"→"图像描摹"命令，在弹出的浮动面板中设置相应参数，如图1-22所示。

图 1-22　图像描摹

4. 单击浮动面板中的"高级"按钮，在展开的新选项中，如图1-23所示，选中"忽略白色"选项，则白色的区域变成透明图层，效果如图1-24所示。

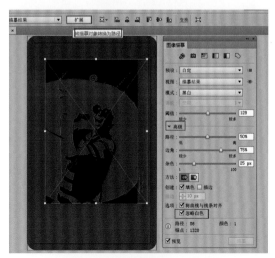

图 1-23　设置图像描摹工具参数

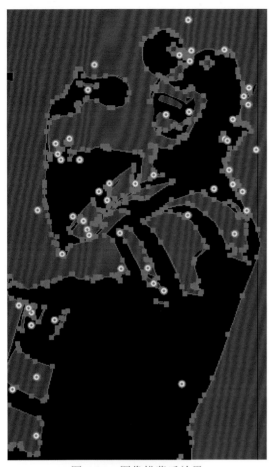

图1-24 图像描摹后效果

5.激活"直接选择"工具，把不需要的部分锚点去掉，修改并调整图形，效果如图1-25所示。

6.置入LOGO文件和文字信息后可以开始调整版式了。有时LOGO往往作为装饰元素出现，可以尝试降低其透明度和纯度，效果如图1-26所示。

7.激活"文字"工具，输入相应文字并调整角度，将文字斜式编排和人物的倾斜度一致，使版式显得更加活泼，同时与右下方的白色LOGO相呼应，以具有视觉冲击力。效果如图1-27所示。

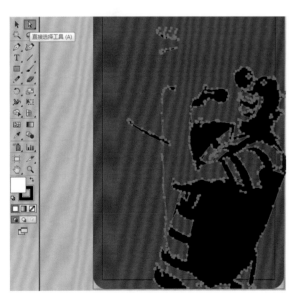

图1-25 直接选择工具去掉多余锚点

图1-26 加入素材

图1-27 完稿

1. 新建一个 90mm×54mm 的竖式文档，填充橘黄色作为底色。置入素材，效果如图 1-28 所示。

2. 同样方法执行"描摹图像"命令，得到如图 1-29 所示矢量路径。

3. 激活钢笔工具，按图 1-30 所示架子的透视关系，绘制黑色区域。

4. 输入相应文字，排版设置依然为斜式，与画面中线的方向保持一致，效果如图 1-31、图 1-32 所示。

图 1-28　背景中置入图片

图 1-29　图像描摹

图 1-30　钢笔工具画图形

图 1-31　图文倾斜一致

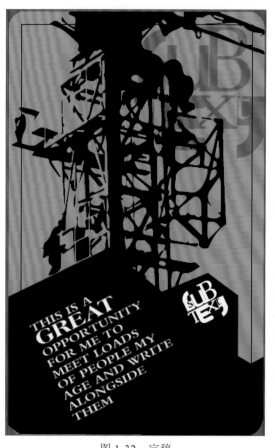

图 1-32　完稿

TIPS：

　　图像描摹工具不但可以描摹栅格图像、照片，还可以描摹扫描或绘制的字体并运用到设计中。描摹工具控制面板中还有许多特效等有待探索。

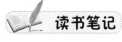 读书笔记

....

....

....

....

....

....

....

....

....

....

....

....

【延伸练习2】

——如何使用钢笔工具画弧线

TIPS：

　为什么不在远一点的地方创建锚点呢？因为无论怎样改变手柄位置也无法适应大角度的圆弧，如图1-35所示。

1. 激活文字工具输入字母 O，如图 1-33 所示，从字母的任意边缘处开始，单击鼠标创建锚点。

2. 然后在弧线中间处单击鼠标左键创建第二个锚点，按住左键不要松手，将手柄拖出锚点，效果如图 1-34 所示。

3. 继续创建锚点，拖出手柄，用调整手柄的方法来调整弧线适应图形，如图 1-36 所示。

4. 在接近闭合路径的时候，会发现手柄的存在不利于完成弧线，如图 1-37 所示，此时，可以按住 Shift 键，单击锚点，则可以删掉一侧手柄，效果如图 1-38 所示。

5. 首尾结合，闭合路径，效果如图 1-39、图 1-40 所示。

6. 同理完成内弧线描绘，在弧度大的地方多创建几个锚点，效果如图 1-41 至 1-44 所示。

图 1-33　新建锚点

图 1-34　第二个锚点拉出手柄

图 1-35　错误示范

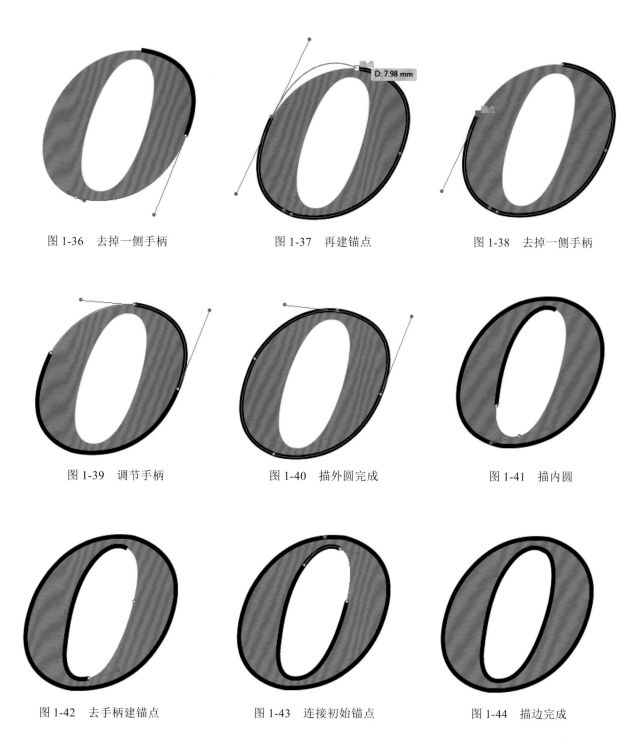

图 1-36　去掉一侧手柄　　　　　图 1-37　再建锚点　　　　　图 1-38　去掉一侧手柄

图 1-39　调节手柄　　　　　图 1-40　描外圆完成　　　　　图 1-41　描内圆

图 1-42　去手柄建锚点　　　　　图 1-43　连接初始锚点　　　　　图 1-44　描边完成

值得注意的是，锚点过多或过少都不能很好地描边。圆形创建 4 个锚点就足够了，可以用来参考。

第2章　宣传资料、DM设计

理论部分

"崂山民艺" DM

"崂山绿石" 单页 DM

物流公司样本

理论部分

作为一名说明书设计人员，对产品说明书的设计，要考虑很多方面。首先是宣传，说明书是商家与用户沟通的窗口，设计一款既要达到很好的宣传效果，又要让用户容易看懂的说明书不容易，个人认为，说明书要突出产品的卖点，不能太脱离实际，用语要简练，但不能过于简单。如果做一份详细的说明书，那目录很重要，既要清晰描述产品的介绍，又要注意用词尽量让用户理解。如果用户看完了，不懂操作，那说明书就没有发挥其作用。说明书既要简单，又要解决问题，这需要设计者把握好度。因此对于带有目录的说明书，其版式设计与书籍一样，在此就不再赘述。

宣传资料的版面编排与设计

宣传资料，又称为"非媒介性广告"，它可以是企业形象宣传，也可以是企业产品推广；可以是一张单页，也可以是小宣传册。

宣传资料的版式设计一般有下列设计元素信息：图片信息（产品图片、企业商标、相关辅助设计符号），文字信息（产品文案宣传、企业介绍），色彩信息等。

单页宣传资料中的文字信息非常重要，甲方需要简明扼要地叙述产品且能让顾客尽快接受该产品，因此文字的编排在此设计中起到举足轻重的作用，同时它需要把不同文字信息进行分类，突出销售重点。在商业宣传资料的版式设计中，应根据不同的信息来确定文字内容的字体与字号以及与背景的呼应关系。

作为多页的企业宣传画册设计应该体现企业文化内涵，而不应该做成枯燥的文字和呆板的产品图片的堆砌。设计的形式、语言是影响宣传效果的关键，因此在这里图片信息和色彩信息是需要认真斟酌的。同时图片信息中的相关辅助设计符号又是沟通图片和文字信息的纽带，虽然分量不多，但却起到画龙点睛的作用。色彩信息则是满足人们审美需求的关键因素。

画册版面编排与设计

画册的设计，其本质上将各门类学科的知识信息以某种引人注目、便于接受的形式展示给读者，这是设计者在设计画册之前必须具备的设计思路。画册设计者应不满足只运用文字符号作为传达媒介的唯一手段，而应根据文字信息形成自己新的认识和解释，并尽可能以形象思维及视觉信息的传达方式，从单向性写作行为发展到多方性传播行为来满足读者的需求。

一本具有特色版面设计的画册，能营造出颇具诱惑力的佳境，使读者于不知不觉之中遍览全书，愉悦至极。这就要求设计人员具备丰富的素养，大众的审美观点，创造性的思维，一定的艺术胆量，扎实的技术知识。

一、画册特点的具体表现

1. 图片信息的主体化

在多数画册中，文字部分无论是从信息量上还是从体量上都会相应弱化。图片会占据着整个或大部分页面。因此通过一定的形式法则合理地安排图片显得至关重要。

2. 文字的可图形化

将文字图形化处理，一方面是为使图片与文字的呼应关系更为生动；另一方面也是为了打破图片衬底、文字压上的惯常模式所引起的视觉疲劳。文字图形化有两个层面：第一层面，是对段落文字轮廓的形态处理；第二层面，对文字本身形态的处理。

3. 无版心设计

在对大多数画册进行版面编排时，我们可以完全不受版心的限制，这种无区域限制所带来的视觉感受，虽不够严谨，但往往更加大气。再加上局部文字编排的讲究，一放一收，一正一反，会产生较好的视觉感受。

二、画册版式设计的思路

画册版式的设计者，应该紧紧围绕画册内容，运用形式美的法则，进行版式设计的操作。实用与审美并重，构思、设计出无穷无尽的版面变化，使画册生动活泼，多姿多彩。

1. 主题形象强化

在进行版式设计构思时，突出、强化主题形象的方法是，多次、多角度地展示这一主题。如封面、封底、前后环衬、目录、译序、题词、护封都要有主题形象出现，并且每个形象应该有不同的变化。从变化中求得统一，进一步深化主题形象。

2. 版块合理分割

为书籍、折页、杂志、画册、报纸作设计时往往会有一些相同的元素：正文的布局、为插图和照片留出的空间、标题、页码、边注等，为了成功安排这些元素，必须将版面合理分割，合理布局。标题与文字的版块左右呼应，高低顾盼，文图分布疏密有致，富有变化。

3. 订口为轴对称

将书展开后的左边与右边两面，作为一个整体画面考虑，通常称作"通栏设计"。据此设计版式，常会有一种大气的整体感，对视觉会带来新鲜的刺激。以订口为轴的对称版式，外分内合，张敛有致，或造成版面、开本的扩张，或加强向心力的聚敛，有衡稳之效。

4. 书眉、页码交叉倒错

书眉、页码是版式设计中不可忽视的两个元素。合理地使用该元素，对于画面的生动活泼起着至关重要的作用。根据人的视线一般从左下方朝右上移动的规律，双码书眉排在地脚，单码书眉排在天头，一天一地，或左右交错，或全书书眉页码间隔倒错，耐人寻味。上下左右间隔交错的这种形式，打破常规的绝对对称之均衡，在形式上呈现令人惊讶的新意，有独特的审美价值。

5. 大胆留出空白

版面空白，是使版面注入生机的一种有效手段。大胆地留出大片空白，是现代书籍版式设计意识的体现。恰当、合理地留出空白，打破死板呆滞的常规惯例，使版面通透、开朗、跳跃、清新，给读者在视觉上形成轻快、愉悦的感觉，传达出设计者高雅的审美趣味。当然，大片空白不可乱用，一旦空白，必须有呼应、有过渡，以免为形式而形式，造成版面空泛。

6. 图案化的书眉

书眉除具有方便检索查阅的功能外，还具有装饰的作用。一般书眉只占一行，并且只是由横线及文字构成。而用图案做书眉，虽较为夸张，却仍然得体，使被表达对象的特征更加鲜明、突出，产生令人惊奇叫绝的美感。

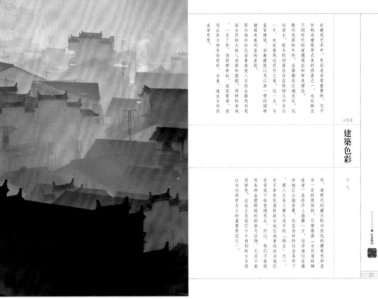

建築色彩

新安畫派四大家之——浙江（弘仁）

寺觀園林

【练习1】

题目：为"崂山民艺"设计DM广告。
要求：A4幅面，4页（PAGE，以后简称P）。体现"民艺"特色。

图 2-1　新建文件

1. 新建一个 420mm×297mm 的横向 A3 纸张文档，其参数设置如图 2-1 所示。

2. 执行菜单"视图"→"标尺"→"显示标尺"命令，在文件的左边和上边出现标尺。激活工具箱里的"选择"工具，按住鼠标左键可分别从标尺中拖出蓝色的辅助线。移动辅助线至中心位置 210mm 处，把页面一分为二，效果如图 2-2 所示。

3. 封面在右侧，因此先从右侧开始设计。崂山是群山，所以选择置入山的图片素材做背景并锁定背景，如图 2-3 所示。

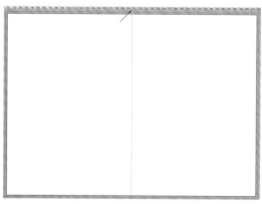

图 2-2　打开标尺找中心

TIPS：
　　如果没有合适的素材也可以在 PS 中合成许多张图片制作自己想要的效果。众所周知 PS 强大之处在于可以处理和修饰色彩丰富细腻、变化无穷的图像效果。

TIPS：

　　透明蒙版：将一
个对象设定为透明蒙
版后，该对象内部将
完全透明，可以显示
下面被蒙版的对象，
同时遮挡住不需要显
示的部分。

4.如图2-4所示，激活直排文字工具，键入"崂山"。为了表现历史悠长的意境，"崂山"采用竖式排列。

5.在图中输入"民艺"。根据设计规划需对"艺"创建特效，需要用到"透明蒙版"工具。激活"选择"工具选中"民艺"，单击鼠标右键在下拉菜单中选择"创建轮廓"选项，如图2-5所示，然后单击鼠标右键在下拉菜单中选择"取消编组"选项，即可单独选中"艺"字，效果如图2-6所示。

图2-3　置入封面背景图

图2-5　标题文字创建轮廓

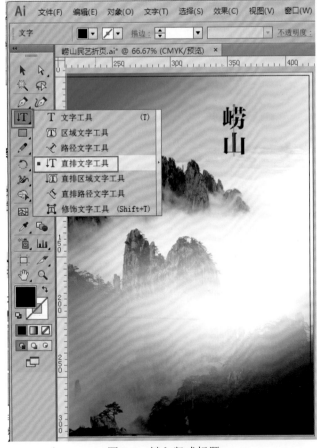

图2-4　键入竖式标题

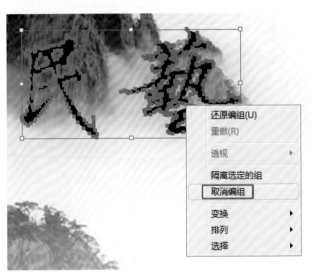

图2-6　取消文字编组

◆ 版式设计

28

6. 如图 2-7 所示，置入一张有民间特色的木板年画图片，将要设定为蒙版的对象"艺"字放在最上层（右键执行"排列"→"置于顶层"即可调整上下层关系）。

7. 按住 Shift 键同时选中两层后执行菜单"对象"→"剪切蒙版"→"建立"命令，这时蒙版对象将变成透明，透出下层的置入图，效果如图 2-8 所示。对于显示的图案部分可以通过拖动隐藏在下面的图来调整露出的部分，这样一个有着民间色彩的"艺"字就完成了。

8. 继续输入其他文字，调整版式至恰当的位置，效果如图 2-9 所示。如果背景太过写实还可以插入波浪纹素材以增添其艺术性，效果如图 2-10 所示。

图 2-7　置入文字底图

图 2-8　排列图层

图 2-9　文字排版

图 2-10　置入肌理

图 2-11　封底渐变设置

9. 由于重要的信息都在封面上，因此封底设计应相对简单。此时可以利用 PS 软件创建几个蓝色的透明渐变背景，然后再置入其中即可。

① 在 PS 中激活选取"渐变填充"工具，在属性栏中选择"线性渐变"方式，点击渐变色条，在弹出的对话框中设置渐变色（蓝色到透明渐变），如图 2-11 所示。

② 新建两个图层，如图 2-12 所示分别自箭头方向拖拽鼠标，创建渐变效果后合并两个图层并设置"不透明度"为 55% 即可。

③ 同样方法再新建几个图层，如图 2-13 所示自四个角开始做透明渐变，合并图层后将文件保存后置入 Indesign（后文简称 ID）软件中调整大小与位置作为封底背景。

④ 置入祥云素材，然后将封面中的元素复制到封底，调整位置与大小，效果如图 2-14 所示。

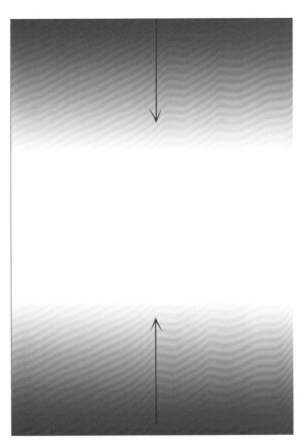

图 2-12　渐变方向

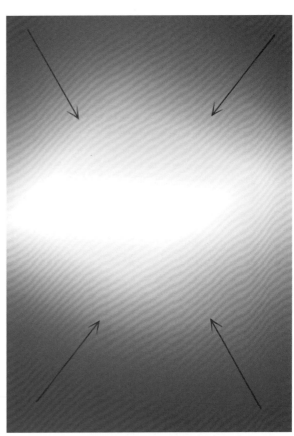

图 2-13　再次渐变

◆ 版式设计

图 2-14 完稿

　　编排上，"崂山"二字一组竖排与下方五列竖排小字相呼应；"民艺"二字一组横排与最下方的白字对应。其中，具有民间色彩背景的"艺"字图案穿插于群山中，体现了主题。

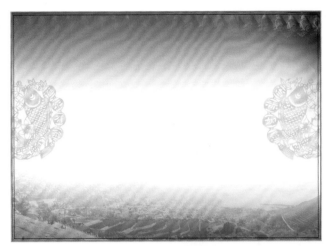

图2-15　内页底图置入

10. 接下来完成封2、封3的版式。新建一个相同文档，延续封面的风格，置入如图2-15所示的蓝色系图片，将封2、封3贯穿起来。

11. 由于封2、封3包含的内容较多，因此需要先设计一个标题图标来划分内容。

12. 激活钢笔工具或铅笔工具，创建一个开放路径，然后选中该路径，效果如图2-16中①所示。在右侧隐藏控制面板中找出"画笔"工具，单击"画笔"出现浮动面板。在画笔标签栏中有许多画笔，逐个单击则会得到图2-16中②③④所示的效果。选中③和④叠加得到红色的书法笔触（创建笔触后，同时选中③和④，单击Ctrl+G将二者群组），当然也可以改变颜色。

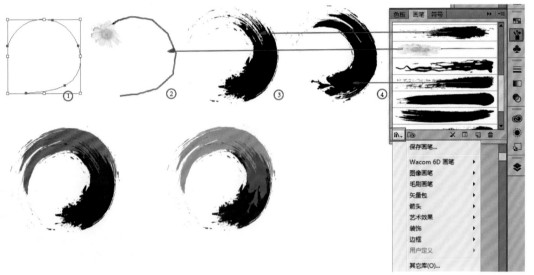

图2-16　笔刷工具

图2-17　笔刷的选取

13. 初次使用画笔时可能不太熟悉，可以如图2-17所示设定自己心仪的画笔类型。

14. 按住 Shift 键等比缩放刚才的路径，如图 2-18 所示，可以发现路径在变化，但是描边的宽度不变如图 2-19 所示。如何保证画笔描边的宽度与路径同步等比例变化呢？执行菜单"编辑"→"首选项"→"常规"命令，在弹出的对话框中，勾选"缩放描边和效果"选项，单击"确定"即可，如图 2-20 所示效果变化。

15. 输入文字标题，更改书法字体，完成五个标题图标的设计，效果如图 2-21 所示。

图 2-18　笔刷叠加缩放

图 2-19　设置描边参数

图 2-20　正确缩放演示

图 2-21　图标完稿

16. 在版式设计中，如果是输入大段文字，通常是采用"文字框"的方法，即激活"文字"工具，在文档中首先按住鼠标左键拉出文字框，然后再输入文字或把文案直接拷贝至文字框内（采用"文字框"方便管理文字或分栏排版）。

17. 输入文字后，单击属性栏"字符"面板，如图2-22所示，可以在此调整字体、字号、行距等。如果文字框右下角出现红色的"+"图标则表示文案没有完全显示。把文字框拉大，直至显示全部文案，"+"图标消失。

18. 如图2-23所示，将全部文案和图片置入到文档后就可以开始编排了。

19. 根据内容划分区域，重要内容放在首要位置。通过添加辅助线方法强调"版心"概念，如图2-24所示，仔细调整文本与图的大小、位置关系。内页的效果如图2-25所示。

图 2-22 文字置入文本框

图 2-23 置入所有内容

图 2-24　版式解析

图 2-25　完稿

【延伸练习】

题目：为"崂山绿石"设计单页DM广告。

要求：尺寸自定，正反2P。

图 2-26　新建文件

1. 新建一个 105mm×240mm 的文档，其参数设置如图 2-26 所示。

2. 激活"矩形工具"，绘制与纸张大小相同的矩形，并覆盖至"出血"。点击渐变填充浮动面板，如图 2-27 所示，分别调整类型、角度等多个设置，将创建渐变效果作为背景。

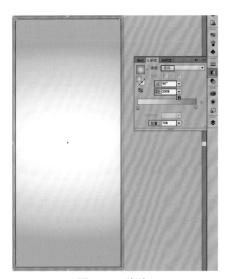

图 2-27　渐变

3. 置入一张已经在 PS 中去掉背景的图片。如图 2-28 所示，绿石周围的虚实效果需要在 PS 中完成褪底后保存为 PSD 格式图片。

TIPS：

　　置入文件要保存成透明背景的 PSD 格式，否则将呈现背景色效果。

图 2-28　外发光

4. 此时可以发现绿石的外形太过嶙峋，因此需要制作一个笔触特效背景来衬托它。激活工具箱中的"铅笔工具"随手勾画几个路径，如图 2-29 所示（可以通过绘制一条路径后依次复制并调整即可）。

5. 激活"画笔"工具，在其浮动面板中，如图 2-30 所示，从左下角的"画笔库菜单"中挑选合适的画笔描边。

6. 将描边路径叠加在一起，分别调整各自的位置、方向、颜色、透明度直至和谐，效果如图 2-31 所示。

7. 将图片、笔刷与背景同时选择后，如图 2-32 所示，点击鼠标右键在弹出的下拉菜单中选择"编组"选项，这样它们的位置不会改变，方便管理与排版。然后将其他文字内容输到文档中就可以开始排版了。

图 2-29 路径

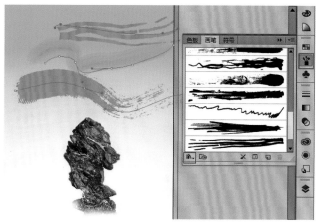

图 2-30 选择笔刷描边路径

图 2-31 笔刷叠加效果

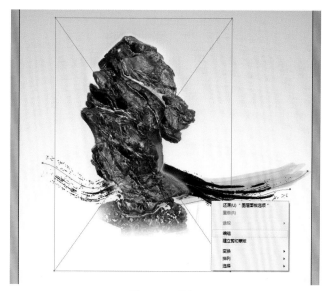

图 2-32 编组

8.根据设计规划，版面由上下两部分构成。图片和标题为三角形构图形式，文字部分则为倒三角形与之呼应，如图 2-33 所示，呈现和谐中有变化的视觉效果。

TIPS：

　　如果版式变换为图 2-34 中所示形式，则版面自上而下分布过于平均，显得松散。

图 2-33　版式解析

图 2-34　错误示范

9. 将 P1 中元素运用到 P2，仔细规划，效果如图 2-35 中所示。此版式很明显分为"标题、正文、底图"三部分。自上而下的视觉效果为"疏、密、疏、密"。文字与图片分布和谐、均匀，整体效果如图 2-37（下一页）所示。

图 2-35　版式解析

图 2-36　版心概念

TIPS:

图 2-36 中的版式问题颇多，首先没有"版心"概念，布局松散。其次，字和字，图和图整合不当，使下半部分版式沉重。

图 2-37-1　案例 1 完稿正面

图 2-37-2　案例 1 完稿背面

图 2-37-3　案例 2 完稿正面

图 2-37-4　案例 2 完稿背面

【练习2】

题目：为物流公司设计样本DM。
要求：16K大小，16页。风格统一，色彩鲜艳。

　　该公司的资料不多，找出文案中有关公司理念的几个短语，把它们作为设计对象，分别提炼出：快、诚、护、信、诺、捷、安这几个字，并落实在设计中。

　　此DM设计采用国际化风格，突出图或大标题文字，便于吸引客户。如需全面了解此公司，通过阅读文字部分即可。

　　1. 新建2000mm×750mm的文档，其参数设置如图2-38所示。

图2-38　新建文档

TIPS：

　　设计多个页面的时候，可以集中在一个大页面上，从整体着眼，事半功倍。

2.激活"矩形工具",在画面中单击鼠标左键弹出对话框,然后输入宽度376 mm和高度266mm(16K=260mm×184mm,加出血),即可完成矩形的创建,描边并锁定,复制后如图2-39所示排列即可。

3.按客户提供的资料,筹划文字和图片的布局,加入鲜艳的色块,效果如图2-40所示。

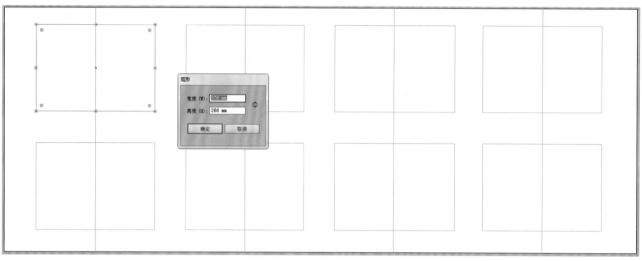

图 2-39　设置页面尺寸

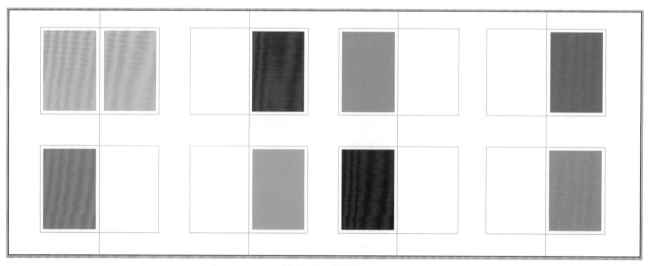

图 2-40　背景色

C 5	C 20	C 70	C 50	C 50	C 50	C 70	C 5
M 30	M 90	M 5	M 50	M 30	M 5	M 80	M 50
Y 90	Y 100	Y 30	Y 5	Y 15	Y 90	Y 15	Y 90
K 0	K 0	K 0	K 0	K 0	K 0	K 0	K 0

4.置入公司 LOGO、相关图片等素材，预留出文案的空间，效果如图 2-41 所示。

5.输入文案，文字的编排按上中下规律分布，效果如图 2-42 所示。

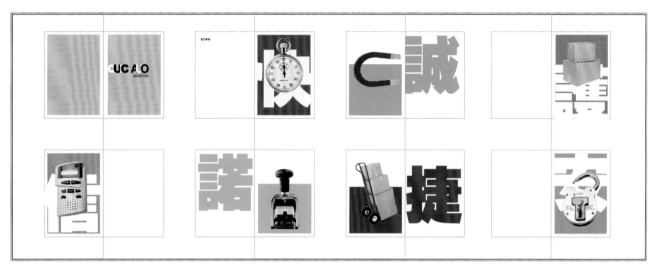

图 2-41　图片排版

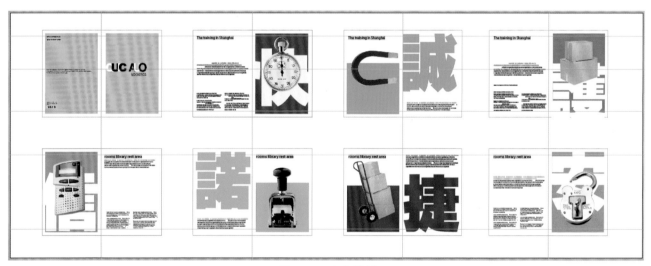

图 2-42　文字排版

样本中封面和大色块可以随机变换位置印刷，罗列起来摆放可呈现彩虹般效果。

抛开创意只看设计过程，感觉像画彩画一样，先整体铺底色，再局部上色，最后精雕细琢，一气呵成。看似简单，实则有许多规律蕴含其中。对页中总是一半文字一半图片；图片要么和文字一起罗列，要么与小色块一起出现；文字的编排总是按上中下，下分两栏这样布局。利用这些规律来编排才能形成视觉上的和谐统一。

第 3 章 海报设计

理论部分

海报以设计目的可分为公益海报和商业海报两大类。公益海报以社会公益性问题为题材，例如人文关怀、和平、教育、环境保护、交通安全、戒烟、竞选、纳税、献血、优生、文体活动宣传等；商业海报则以促销商品、满足消费者需要等内容为题材，特别是市场经济的出现和发展，商业海报也越来越重要，越来越被广泛地应用。

版式设计使海报作品形成一定的秩序感与节奏感，在画面整体视觉上产生强烈的感染力、冲击力，同时给观者以轻松、舒适、美的视觉感受，提高受众的阅读兴趣，更有利于信息的充分传达。因此在进行编排设计时，应遵循"美"的原则，使其成为一件艺术品。

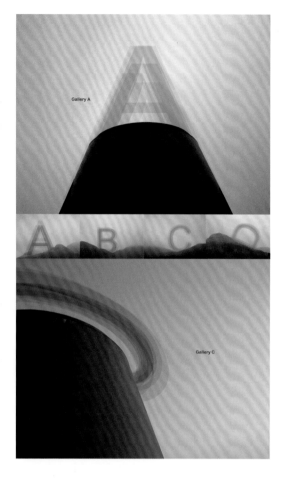

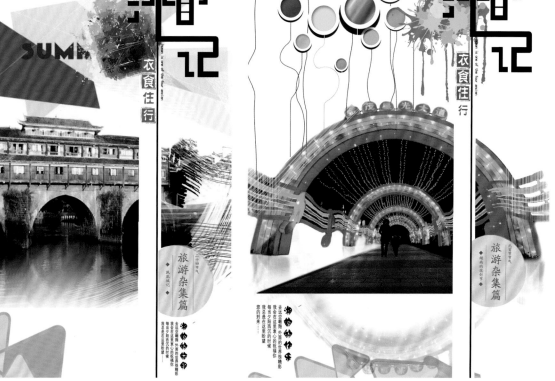

【练习1】

题目：设计题为"禁止强拆"的公益海报。

要求：A4尺寸竖式海报，用视觉手段表现"强拆"给城市带来的一系列不良影响。

　　提起"强拆"马上能让人想到的是一片狼藉、残垣断壁、支离破碎等景象。同时也会使人想到破坏城市规划、历史文化、百姓合法住房权益等一系列不良后果。作品构思用抽象形式来表现此主题。

图 3-1　新建文档

　　1. 新建 210mm×297mm 的文档，其参数设计如图 3-1 所示。

　　2. 置入素材作为背景（挑选的素材看起来是有规律的几何形态，就像抽象的城市形态一样），调整大小使之与文档大小一致，效果如图 3-2 所示。

图 3-2　置入素材

3. 激活"钢笔工具"，沿着几何形的边缘，如图3-3创建一个看似立体的镂空的洞。

4. 激活"钢笔工具"，分别绘制两个多边形，激活"渐变工具"，设置如图3-4、图3-5所示参数并填充。

5. 激活"文字"工具，在几何形中的一侧，如图3-6所示，输入"禁止强拆"四个字。单击鼠标右键，在弹出的下拉菜单中选择"创建轮廓"选项，然后激活"自由变换"工具，弹出如图3-7所示对话框，根据设计要求，仔细调整字的角度即可。

6. 复制字体并填充白色，调整前后位置，效果如图3-8所示。

图 3-3　绘制图形

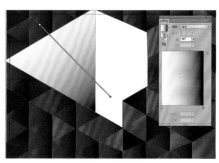

图 3-4　渐变工具

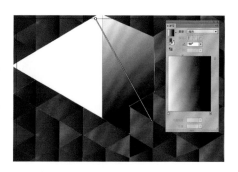

图 3-5　透视效果

图 3-6　键入标题

图 3-7　文字变形

图 3-8　文字效果

7. 输入其他文字，版式可以自由些，字体大小错落有致。注意关键字放大，效果如图3-9所示。

8. 键入一个大大的"拆"字，沿着背景图片的角度倾斜，改变其不透明度为33%，效果如图3-10所示。

9. 参照"拆"字笔画的位置，激活"钢笔工具"描绘出和底图相似的白色三角形，效果如图3-11所示。对于字体笔画细节部分，可以用小三角形修饰，效果如图3-12所示。

10. 这是整个海报设计中的精彩部分，眯起眼睛看"拆"字会更加清晰。然后导入云纹，仔细修改后效果如图3-13所示。当然 颜色也可以换成黑色，效果如图3-14所示。

图3-9　文字版式

图3-11　填充几何形

图3-13　置入素材

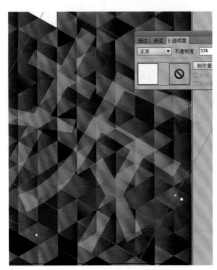

图3-10　文字不透明度

图3-12　细节调整

图3-14　效果尝试

11. 导入高楼的素材，仔细调
整其位置与大小，海报设计完成，
效果如图3-15所示。

图3-15　完稿

总结：该海报在创意上采用的背景图片代表整齐的城市面貌，然而被上方醒目的黑洞打破；支离破碎、隐约可见的"拆"字更表达了强拆对城市规划的破坏；祥云的图案除了装饰作用还代表历史文化建筑；在巨大的"拆"字下城市建筑也不堪重负岌岌可危，表明人民群众的合法权益遭到威胁。

编排上，采用上中下结构。文字部分集中在上方，以一个对话框的形式阐述海报将要传达的信息。中间的"拆"字占据大部分版面，引导观众识别隐匿的信息。下部采用黑白剪影效果的图片与黑洞相呼应。

【练习2】

题目："和之韵"中韩文化交流海报。

要求：海报设定 A4 尺寸，要体现中韩关系友好和谐，富有文化气息。

1. 新建 210mm×297mm 的文档，其参数设置如图 3-16 所示。

2. 中国国旗的颜色由红色和黄色组成，韩国国旗则是由红色、白色、蓝色还有少量黑色组成。两国国旗共有红色，我们从这个相同点切入着手设计。在 PS 中制作渐变背景，具体步骤如下：

① 单击工具箱中的"渐变"工具，在上方控制面板中选择"蓝红黄渐变"效果，如图 3-17 所示。

② 添加黑色色标在最左侧，调整颜色之间的滑块到合适的位置，如图 3-18 所示。

③ 使用"矩形选项"选择一块区域填充刚设置的渐变色，并在色块之上添加一些装饰色条，改变其透明度，如图 3-19 所示。

④ 执行"滤镜→模糊→动感模糊"命令，得到如图 3-20 中的效果。

图 3-16　新建文档

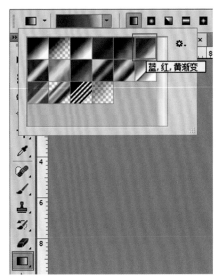

图 3-17　渐变工具

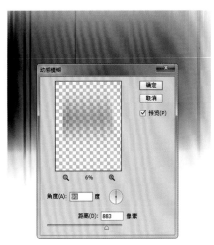

图 3-20　动感模糊

3. 将做好的背景置入 AI 中。在各自国旗颜色区域键入英文名称，引导观众了解创意点，效果如图 3-21 所示。

图 3-18　参数设置

图 3-19　不透明度

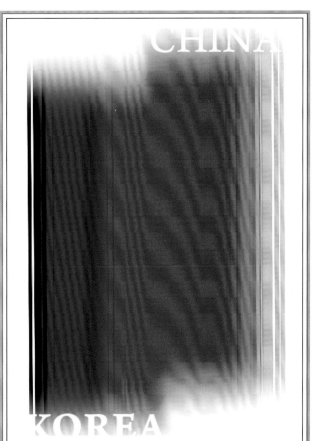

图 3-21　背景效果

TIPS：

"模糊"命令得到的效果可能不尽如人意，在这里可以反复叠加图层，或错位排列图层，直到调整至满意的效果。

4. 置入素材韩文"和"字,然后执行打开"图像描摹"浮动面板命令。如图3-22所示,设置参数,然后点击属性栏中"扩展"按钮,即可得到文字的路径(汉字"和"可以直接单击鼠标"右键"在下拉菜单中选择"创建轮廓"选项即可得到路径)。

5. 激活"橡皮擦"工具,如图3-23所示,擦掉文字不需要的部分路径,修改笔画。然后单击鼠标右键在下拉菜单中选择"取消编组"选项,把笔画拆分备用,效果如图3-24所示。

6. 也可以键入新的文字,字体选择宋体,用同样方法创建轮廓,拆分后备用。尝试各字体笔画编排,效果如图3-25所示。

7. 拆分后的文字轮廓可以采用渐变色填充,从而减弱过于浓重的笔画,效果如图3-26所示。

8. 仔细调整字体框架结构,最终设计稿如图3-27所示。

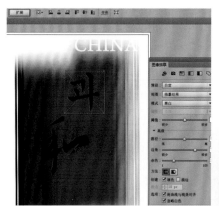
3-22 键入文字

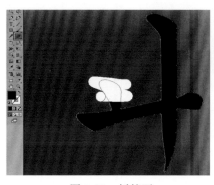
图3-23 拆笔画

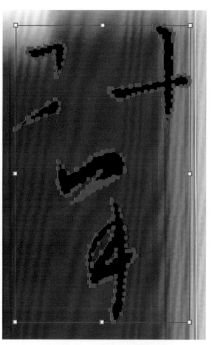
图3-24 组合文字

图3-25 重组效果

图 3-26　笔触渐变效果

图 3-27　完稿

　　总结：利用文字的笔画构成，结合汉字和韩文的间架结构使二者共生，这是很有趣的创意。编排上如同大部分海报一样比较简单，大大的"和"字居中，采用书法笔触，它就像是一幅书法作品。文字信息隐藏在背景中或排列在底端做注脚。

【延伸练习】

——文字的变形

题目：自己拟题设计一个以文字为主题的海报。

要求：以变形的文字作为主体形象，内容直观、版式简洁。

一般来说，海报的版式是突出图片，其占据主要位置。说明性文字则放置在一旁或是排列在顶端或底端，占据很小的版面，只是衬托作用。但此次练习我们把文字放在醒目的位置来设计版面。

文字怎样从配角变身主角呢？首先要变化，使之图形化。一方面，中国汉字原本在框架结构上就合理美观，另一方面，文字有着比图形传递信息更加直接的优势。经过设计后，文字优美的外观、准确的定义，使它成为设计师的新宠。

我们来做一个有关中华传统文化"诚信"的文字招贴。字体选用宋体，因为它横细竖粗、字形美观、韵律十足、应用广泛、识别性强、便于设计。文案构思依据"言出如山"，设计成"水墨山"与字体相结合的效果。

1. 打开 PS 软件，输入"言"字，选择字体为"宋体"，将文字栅格化后执行菜单栏"编辑→自由变换"命令，现将字形压扁再将其旋转 25°左右，继续执行"编辑→变换→透视"命令，拖动右下角，将字体调整为微微透视的效果。这样使字形又呈现出隶书特征，隶书历史悠久，是一款端庄、厚重，很适合表现中国传统文化的字体，效果如图 3-28 所示。

2. 尝试创作中国水墨画的笔刷。首先激活"钢笔"工具，在新建图层上绘制山形的轮廓，然后鼠标右键单击闭合的路径，在下拉菜单中选择"建立选区"选项，再激活"渐变工具"，设置"黑色至透明"渐变效果，如图 3-29 所示。

3. 保持选区的存在，执行菜单"编辑→定义画笔预设"命令，在弹出的对话框中定义画笔名称，如图 3-30 所示，单击"确定"按钮即可。

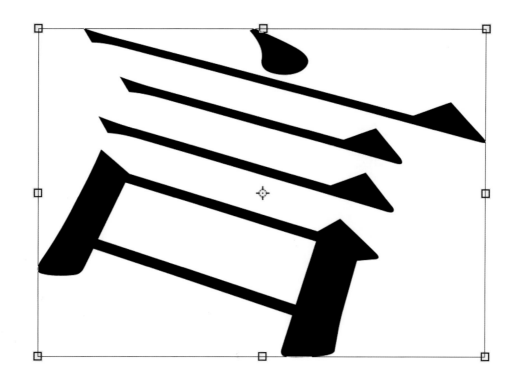

图 3-28　调整字形

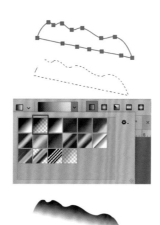

图 3-29　绘制图案

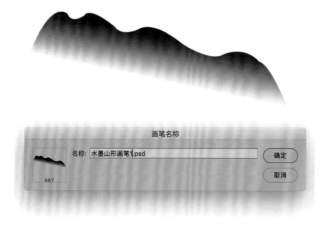

图 3-30　自定义水墨山形画笔

4. 调低"言"字所在图层的透明度（自我观察效果）。激活画笔工具，选择刚刚定义的笔形，按字体的走势在其上画出更多的水墨图形，效果如图 3-31 所示。同样的方法可以定义其他画笔笔形，效果如图 3-32 所示。

5. 仔细绘制"言"字，使其图形化，效果如图 3-33 所示。同理，将其他字也一一图形化，效果如图 3-34 ～图 3-36 所示。

6. 图形元素设计完成后，即可展开招贴设计工作。大家不妨尝试各种版式编排效果，为了让大家明白其概念，在此提供图 3-37 ～图 3-40 所示效果以供参考临摹。

图 3-31　绘制画笔

图 3-34　图形化字体"出"

图 3-36　图形化字体"山"

图 3-32　自定义更多画笔

图 3-35　图形化字体"如"

图 3-33　图形化字体"言"

传承中华优秀文化精神之一·诚信

图 3-37　效果尝试（1）

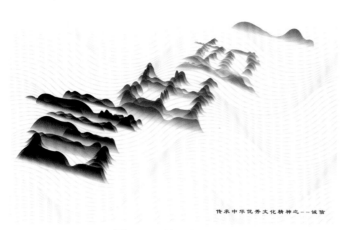

图 3-38　效果尝试（2）　　　　　　　　　　　图 3-39　效果尝试（3）

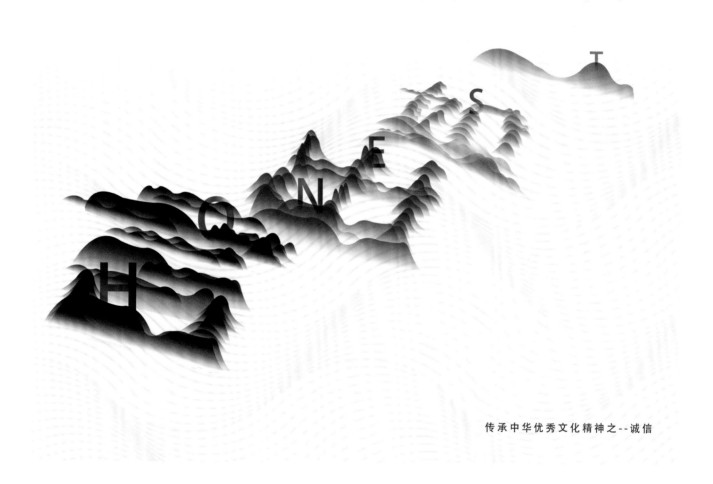

图 3-40　完稿

【练习3】

题目：钢琴音乐会海报。

要求：结合音乐会特色，并突出赞助商名称等相关商业信息。

与公益海报不同的是，商业海报包含的信息较多，也就是文案较多。为了不影响美观的同时突出商业信息，众多信息的编排成了商业海报设计的重点也是难点。

让我们开始吧！

1. 新建一个 210mm×297mm 的文档，其参数设置如图 3-41 所示。

2. 置入深蓝色背景图片素材，然后再置入已经采用 PS 褪底的钢琴图片，钢琴居中下，留出足够的空间给标题文字，效果如图 3-42 所示。

图 3-41　新建文档

图 3-42　置入素材

3. 键入标题等相关文字后可以开始编排版式，应该注意以下几个问题：

① 此次设计的是钢琴演奏音乐会海报，所以演奏者和音乐会名称是首要信息，应该放在最显要的位置，且字号也应该最大。中文字体选用"华文中宋"，粗细适中美观大方。英文字体选用比较古典浪漫风格的花体，与音乐会的曲风相呼应。

② 要求突出赞助商企业产品名称，就像是冠名一样，将"青岛艺术节系列音乐会"放在最上方，字号比标题略小。

③ 票价和演出时间地点同样是很重要的信息，所以字号不能太小，放在钢琴下方的次要位置。

④ 电子票价的信息受众比较关注，所以字体选用明度高的黄色，字体也相对粗壮一些，在次要信息中最明显。依次递减字体字号，可能会降低关注度。

在考虑以上因素前提下，可以创作出如图 3-43 所示效果；如果感觉下半部分字体过分遮挡住钢琴，也可以适当调整，效果如图 3-44 所示。

图 3-43　版式调整

图 3-44　完稿

4.如果采用横式排版，则难度较大一些，我们不妨练习一下。

① 置入图片，遵循人们从左向右阅读的视觉习惯，将钢琴放在右侧偏下的位置，并且如放在左侧则显画面局促。效果如图 3-45 所示。

② 还是按刚才的方法选择最重要的信息放在最重要的位置，依次排列，效果如图 3-46 所示。如果标题不分行则显得过长，版式编排围绕着钢琴排列显然不理想。

③ 如图 3-47 所示，如果把信息全放置在左边，视觉上是不理想的。

④ 把钢琴位置上移后最终调整效果如图 3-48 所示。左上角和右下角这样对角放置重要信息可以均衡版面，在视觉上才不会显得头重脚轻。

图 3-45　横式排版

图 3-46　错误示范

图 3-47 版式调整

图 3-48 完稿

总结：在这次的练习中我们学到了利用改变字号大小、字体粗细、字体颜色等因素来控制信息编排的主次关系。

第4章　书籍、杂志设计

理论部分

书籍报刊等，具有信息广泛性的特点，版面上的视觉效果和形式感，直接关系到信息的传播。一个好的版面设计，同时还能给人们带来高雅的艺术享受。版面这种艺术，它同其他艺术一样，具有多样化的形式语言。

书籍的组成

众所周知，一本书通常由封面、扉页、版权页(包括内容提要及版权)、前言、目录、正文、后记、参考文献、附录等部分构成。

扉页又称内封、里封，内容与封面基本相同，常加上丛书名、副书名、全部著译者姓名、出版年份和地点等。扉页一般没有图案，一般与正文一起排印。

版权页又叫版本记录页和版本说明页，是一本书刊从诞生以来历史的介绍，供读者了解这本书的出版情况，附印在扉页背面的下部、全书最末页的下部或封四的右下部(指横开本)，它的上部多数印内容提要。版权页上印有书名、作者、出版者、印刷厂、发行者、还有开本、版次、印次、印张、印数、字数、日期、定价、书号等。其中印张是印刷厂用来计算一本书排版、印刷、纸张的基本单位，一般将一张全张纸印刷一面叫一个印张，一张对开纸双面印刷也称一个印张。字数是以版面为计算单位的，每个版面字数等于每个版面每行的字数乘以行数，全书字数等于版面字数乘以页码数，在版面上图、表、公式、空行都以满版计算，因此"字数"并不是指全书的实际文字数。

版面构成要素

版面指在书刊、报纸的一面中图文部分和空白部分的总和，即包括版心和版心周围的空白部分书刊，它是一页纸的幅面。通过版面可以看到版式的全部设计。

版心：位于版面中央，有正文文字的部分。

书眉：在版心上部的文字及符号统称为书眉。它包括页码、文字和书眉线。一般用于检索篇章。

页码：书刊正文每一面都排有页码，一般页码排于书籍切口一侧。印刷行业中将一个页码称为一面，正反面两个页码称为一页。

注文：又称注释、注解，对正文内容或对某一字词所作的解释和补充说明。排在字行中的称夹注，排在每面下端的称脚注或面后注、页后注，排在每篇文章之后的称篇后注，排在全书后面的称书后注。在正文中标识注文的号码称注码。

开本

版面的大小称为开本，开本以全张纸为计算单位。每全张纸裁切和折叠多少小张就称多少开本。我国习惯上对开本的命名是以几何数来命名的。

国内生产的纸张常见大小主要有以下几种：

787mm×1092mm 是我国当前文化用纸的主要尺寸，国内现有的造纸、印刷机械绝大部分都是生产和适用此种尺寸的纸张。目前，东南亚各国还使用这种尺寸的纸张，其他地区已很少采用了。

850mm×1168mm 的尺寸是在 787mm×1092mm 25 开的基础上为适应较大开本需要生产的，这种尺寸的纸张主要用于较大开本的需要，所谓大 32 开的书籍就是用的这种纸张。

880mm×1230mm 的纸张比其他同样开本的尺寸要大，因此印刷时纸的利用率较高，型式也比较美观大方，是国际上通用的一种规格。

常用的一些版式规格：

a）诗集：通常用比较狭长的小开本

b）理论书籍：大 32 开比较常用

c）儿童读物：接近方形的开度

d）小字典：42开以下的尺寸，106/173mm

e）科技技术书：需要较大较宽的开本

f）画册：接近于正方形的比较

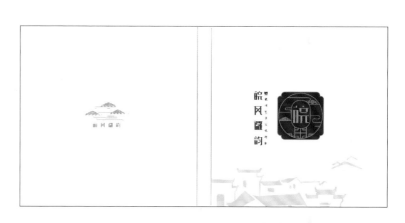

版心

书刊版心大小是由书籍的开本决定的，版心过小容字量减少，版心过大有损于版式的美观。一般字与字间的空距要小于行与行间空距；行与行间的空距要小于段与段间的空距；段与段间的空距要小于四周空白空距。

版心的宽度和高度的具体尺寸，要根据正文用字的大小、每面行数和每行字数来决定。而每面行数又受行距的影响。印刷标准术语中将字行与字行之间的空白称为行间，行中心线与行中心线的距离称为行距。但方正、华光排版系统中将标准术语中的行间称为行距。书刊的行间一般空对开（1/2），也有 5/8、3/4 几种空法。

期刊杂志版面编排与设计

版面，即出版物的排列格式。版面的构成元素包括图、文和空白，要在限定的空间内将这些不同性质的内容组织为和谐的整体，使各个部分既相互关联而又层次分明。版面设计的任务是确定印刷品页面的整体形式及其中诸要素的相互关系，其核心在于文本的组织和艺术处理。该项工作既关系到信息传递的效果，也决定着作品的美学品质。正如罗斯玛丽蒂西所说，版面设计是"对字词的充满乐趣的编排配置，亦即信息的富于吸引力的表达"。良好的版面设计，能清晰地展现原稿的性质、体例、结构、层次，并与开本、装订形式和封面、插图风格和谐一致，起到方便实用、美观悦目的作用，同时也成为印刷部门施工的蓝图与依据，使印前制作、印刷、装订工作能顺利进行，印刷材料能得到合理充分的利用。

一、期刊版面特性

期刊杂志与正规书籍相比较而言，其版式编排具有较大的灵活性。主要体现在以下几个方面：

1. 风格的多样化

这是由于杂志设计中对版心的弱化而导致的。杂志在版心设定上较书籍而言，有了更大的余地。如果是文学类杂志，其文字信息量比较大，应该作为编排的主体对象加以考虑，其版式也更接近于书籍，甚至也需要建立起一个版心。而学术类杂志，插图、列表非常多，充分保证这些说明性图表的易识别性很关键，因此是否制订明确的版心需要根据杂志分类来决定。同时还可利用显著的点、线、面形式创出新颖的视觉效果，以使整体的严谨与理性中带些许活跃元素。休闲娱乐类杂志和商业杂志则完全不同，它需要有独特的画面视觉感和新颖的图文配合形式来吸引消费者和潜在消费人群。对于这类杂志，形式上的发挥远大于对形式的限定。

2. 开本大小的无限制化

杂志通常都是 16 开幅面，首先是受印刷原纸张大小的限制，这样比较不会造成纸张的浪费；其次是基于读者在阅读过程中的便利性而定的。当然也会看到大量的杂志，为了符合其内容和杂志类型上的个性效果，从视觉上迎合广大受众的猎奇与喜新心理，从而选择一些异形的尺寸。

3. 图文关系的多样化与大量留白

在平面设计中，最容易忽略的要素就是空间，在二维设计中的空间为空白空间，它的重要性仅次于文字与图像。设计中空间安排得当，画面的视觉效果会成倍增加。因此在传统的中国画中就有"计白当黑"的论述。而在杂志设计中，既需要考虑字体、字号、字距和行距等的不同设置而可能产生的不同视觉影响，也需要关注包括标题、正文与图片三者间可能具有的关系，还需要重视空白空间的视觉缓冲与节奏调节作用，不能一味填塞和堆砌。

4. 特殊工艺的普及化

现今印刷技术的发展与印刷工艺的提高都给期刊设计，提供了更多追求新视觉感受与刺激的手段。这些在形式上推陈出新的努力也是出于对杂志内容与阅读者的考虑而进行的。在有些情况下，特别是在设计一些时尚类与前卫型杂志时，我们需要借助于形式上与制作上的新颖独特来寻求与杂志主题与内容的统一。

在 20 世纪 90 年代之前，版面艺术的重要性并未被人们充分重视，其中有理念上的问题，也有技术上的原因。版式的革新直到 20 世纪 90 年代才开始启动。直接原因是电脑的广泛使用，使人们从繁重的人工排版解放出来，走上了电脑屏幕。进而又进入了数字化的年代，为版面艺术开辟了无限广阔的天地。

二、期刊版式设计的原则

首先，版式设计要体现编辑思想、总体构思及系统结构。这些想法具体表现在版面的排序上。其次，版式设计要受杂志文章内容的制约，又反作用于内容。其表现在杂志内容不同，版式设计也不同。就是同一期杂志，内容不同，版式设计也因之有异。再有，版式设计还要依据杂志的性质。政治性或者学术性的，版式设计应严肃庄重。反之，趣味性、娱乐性内容的杂志，版式设计应较为活泼花哨。当然这不是绝对的，是可以相互融合的。

版式设计还要与各篇文章内容及各个栏目相协调，使得杂志呈现和谐一致的状态。整体版面作若干部分的大小分割，再按各个栏目的不同情况来决定各有特色的版式设计，使设计出来的版面符合每一栏目对每篇文章的安排设计，符合栏与栏间的关系及文章与文章的关系。即一篇文章的版式设计既要服从该篇文章的内容，也要服从文章内容之间的关系，还要服从栏目内容之间的关系，并与整体风格统一。

期刊版式设计的艺术原则如下。

1. 整齐划一

版式的整齐划一是版式设计的总体要求，也是版式设计的具体要求。整齐的美不是来源于呆板的重复，而是来源于节奏的和谐。整本杂志的整齐划一，要求不仅包括各个版面的艺术格调整齐划一，也包括版式设计与整个杂志内容格调的整齐划一。

2. 变化多样

变化多样字面上看与整齐划一是相矛盾的，但在版式设计上，没有变化多样，也就没有整齐划一。换个角度说，整齐划一是版式设计的总体要求，而从微观要求上则是变化多样。如随科学技术的发展，字形、字号的变化，这样使版面更为新颖，引人注目。

3. 对称均衡

对称的版式设计，常可以使版面呈现稳定的美感。但版式设计仅以对称为准则，就会显得庄重有余，活泼不足，甚至过于呆板。所以应该要有对称、有不对称，富于变化，对称有均衡感。均衡感的设计主要有三种形式，其中一种是从版心的上左到右下，从上右到左下的对角交叉式的均衡法，它往往可使版面更活泼。对称均衡不仅在一个版面之内，而且在单双码两个版面之内。

4. 虚实对比

版式设计时，版面上应有虚有实，虚实相映，形成对比。这样版面上才有丘壑，才有变化，才有节奏。版式设计和绘画都是要在白纸上安排某些东西，怎样才能安排得好，应该怎样在白纸上布局结构，两者道路是通的，版式设计可借鉴绘画构图。画面上有黑有白，有画的地方，有不画的地方，有所谓"知白守黑"之说。杂志版式设计具体地说应该有秀有隐，有黑有白，有实有虚，尽量不使版面上挤得满满的。同时版式设计要"物色尽而情有余"，给读者留下思索的余地。

5. 组合分割

杂志的版面是由点、线、块等组成的。字就是版面上的点，一行行文字和水线、花边等，成为版面上的线，一栏栏文字和一块块文字、图片都是版面上的块。点、线、块共同构成整幅版面。版式设计就必须考虑如何组合，如何分割。

6. 设计的韵律

版式的艺术原则或是思想原则，都需要由设计来体现。版式设计也就是组构版面，是杂志结构的形式体现。因此，考虑整体式设计构思时，首先要以杂志系统结构思想作为依据。杂志的版式整体结构应该做到完整严谨，所谓完整就是要使整个版面浑然一体，而不是支离破碎或残缺不全。所谓严谨，就是版面节奏分明，联系紧密，搭配得当，而不能顾此失彼。版式结构要有层次，有层次才有韵律；要在版面上有起有伏，起伏有致，形成文章主标题 → 内文 → 小标题 → 内文 → 小标题 → 内文，这样的起伏状态，再加之其他部分字体字号的变化，构成整体层次较为丰富、分明的效果。标题字体选用与内文字较具有对比性的，则版式编排的起伏感会更加明显。韵律也会神气，即思想性、艺术性原则在版面上的体现和洋溢于版面的设计气度。

版面是报纸各种内容编排布局的整体表现形式。报纸是否可读、能否在报摊上吸引视线，很大程度上取决于版面。透过版面，读者可以感受到报纸对新闻事件的态度和感情，更能感受到报纸的特色和个性。版面吸引读者，主要是吸引读者的视觉，通过人的视觉生理和视觉心理，产生强大的视觉冲击波，牢牢勾住读者的眼球。

相对于书籍和杂志而言，报纸版面的编排有着自己的特点。简约化是现代版面编排设计的国际趋势之一。特别对于信息量大的报纸,版面设计要求简单明了,直接切入主题。

1. 报纸的版面设计主要表现

报纸设计幅面一般都在 8 开以上，由于幅面大，而且主要以文字为主，辅有少量的插图，因此排版的布局就显得非常重要。

2. 标题的处理

1）标题是版面里最突出的文字信息，它也是引导读者视线进入正文的重要提示，人们拿起报纸总是首先浏览标题，然后选择自己感兴趣的部分进行阅读，所以标题的运用影响到整个版面的基调。标题是一个很广泛的概念，它的类型多种多样，在不同的媒体形式中的运用也不尽相同。

2）在报纸版面设计中（特别是正刊新闻报），标题设计的变化形式相对较小。报纸标题所起的作用主要是以分隔篇章、吸引读者和提示阅读为主，所以报纸标题的编排多数做得粗重醒目，甚至为了吸引读者注意，不惜以特大图片配以具有卖点特征的标题，做成整版的标题新闻。这种标题的处理方法，其实目的主要是为了增强版面的视觉冲击力，达到突出的目的。

3）版面的整体标题需要按主次级别进行视觉上的分类和区别，但必须有一个最为强调的标题，帮助读者分辨新闻的重要性，提供给读者粗略整版的标题阅读视觉顺序。

4）标题使用水平和垂直的方式进行视觉上的区分。标题可使用不同的字号和宽度，使版面形成对比。需要注意：标题的宽度应尽量覆盖所属的正文。

因此设计者较好地处理版面全局与局部、局部与局部的关系，通过版面表现力的强弱，明确视觉层次，让读者自觉地按编辑的要求，做到先看什么、再看什么、最后看什么。但是，版面视觉中心不能过多，突出两三条重要的稿件或图片即可，这是一种非常有效的版面编排形式。

3. 正文的处理

报纸的排版要求文字的可读性极强，因此在标题文字的艺术设计处理上一般只是做些简单的处理。正文往往需要分栏处理，每栏文字的数量、栏距尽可能保持一致。

1）字距

编排中字距不当，会影响读者对文字的阅读。字距太大，阅读起来视觉跳跃频繁，不适合读者阅读思维的连贯性；字距太小，文字阅读费劲甚至识别困难或不能识别。只有字距适中才能保证文字的正常阅读和理解。一般字距的大小随着字号大小的增加而增加。根据经验，两个字间比较合适的距离应该是文字宽度的五分之一左右。一般来说，字距的确定是由字体自身的字符所占用空间结构来决定的，字体结构较自由灵活的字符所占用空间较小，字距也相对较小，反之就较大。根据经验，设计软件的默认字距偏宽，应该适当把字距调略小一点比较好。

2）行距

水平阅读的文字成行的条件必须是行距大于字距（除非特效）。行距如果小于字距，文字则由上至下阅读。垂直阅读的文字行距也要大于字距。行距的处理最能体现一篇文字的气质，行距最小在字高的二分之一以上比较合适。在设计中使字距变大，则单个文字成了"点"；行距加大，一排文字形成了"线"；成行的句子连成一片就形成了"面"，文字的编排就是把这些点连成线、面、体，让它更好地为设计服务。同时适当地加宽或缩窄行距，可以增加版式的风格效果。如加宽行距可以体现轻松、舒展的情绪，应用于生活娱乐、休闲、诗歌的内容恰如其分。而且宽、窄行距并存，可增强版面的空间层次与韵律感。根据经验，国外的设计软件主要是针对英文字形结构特点开发的，实际的字距和行距默认值并不适合汉字的编排效果。所以一般设计师都会按照设计风格对字距和行距重新进行调整和设定。正常情况下，电脑的默认行距偏小，应该适当把行距调大一些。

3）分栏

分栏是将文字分成相等或不相等的若干块。为什么要分栏呢？在版面中，整行的文字过多，会使读者感到阅读压力和视觉疲劳。另外整栏形式也显得呆板，也不利于设计的灵活处理。为了避免这种情况，就需要把整体的文字分栏来排列，使阅读舒适。并且分栏还可美化版面的布局，使内容的分布更加条理化。

分栏时涉及栏数、栏宽和栏间距三个参数。通过分栏排版往往可以得到一些特殊的版式效果。多少栏间距为合适呢？根据经验，栏间距离应该是基本保持在2～3字宽的距离以上为好（根据具体的编排风格而定）。一般正度32开以下的书籍不分栏，即通栏；16开或16开以上开本的书籍一般分成两栏或三栏；杂志一般分成两栏或三栏；一般传统的对开报版基本栏为8栏，4开报纸基本栏为7栏，栏距2～3个字为宜。分栏每行的字数不能太少，至少要有4～5字以上为好。不分栏的如32开本书籍，每行字数为26～27个；大32开本，每行字数为28～30个；杂志用16开本，每行字数约为36～42个。

4）文字的强调

对文字的强调一般有如下方面：有开篇的强调，将首行汉字或字母变大、空位、变体、拉长、换色、加粗、加框、加下划线、加引导符号等处理进行强调，起到阅读引导提示的作用；引文的强调，引文概括全文简略大意，一般会在文章的开头，为了使其有别于正文，需要在字体和字号上进行区分，如将引文放在正文的上方、左右侧或中间等；标题的强调，应该把字距拉开，使用更粗壮的字体，或比页面更高明度和饱和度的颜色。最理想的办法是对标题进行适当的装饰字设计或增加文字投影、文字勾边等处理。

5）文字的层级关系

气口的大小与文字之间层阶距，以及段距和章节距是相互依存的，同时它们的距离关系也是气口的一种表现。在版面的文字编排中，不同层级的文字之间需要用一定的距离来划分。而且在多页面的设计中文字需要有统一的视觉风格，每个层级的文字属性应该在不同的版面上保持相对统一的视觉气口效果。

各个文字层级之间，级与级之间字号、字体有大小、主次之分，应该按照一定的升降变化来体现。一般文字书籍里段距与行距是一样的，但专业设计中，文字较少，为了使阅读层次更加清晰，版面空间布局宽松，常把段落分开，形成段距，这时的段距一定要比行距大。章节层级是不管前一章节的最后留下空白有多少，章节都会从新的一页开始，形成了章节之间的距离层级关系。例如一个版面，最上层是主题文字或标题，大标题到小标题的距离、小标题到正文的距离、正文的行与行之间的距离，三者之间的距离应该逐步减少，最后最小层阶的距离就是字距。这种编排阅读起来一目了然，轻松流畅。

6）文字的排列方向

汉字的排列方向主要有三种：横向排列、竖向排列、斜向排列。

横向排列是现代文字的主要排列方式，它具有稳定、舒适、横向流动等特点。版面空间容易处理，符合人的阅读习惯，适合各种类型文字的排列。

竖向排列是传统汉字典型的排列方式。如：传统的饮食、酒、茶、古文化活动、节日等内容的设计。由于阅读习惯的影响和竖排阅读回行的跳跃性很大的特点，看的文章篇幅过长，视觉容易感到疲劳。所以这种排列方式不适合大篇幅的文字编排，适合每行的字数不多、相对独立的并列字句。

斜向排列方式是个性版面风格的排列方式，运用得不多，文字视觉方向属于斜向流动，不方便阅读。倾斜角度一般在1°～90°，处于0°～45°的较多，视觉方向是由左向右流动，这样阅读起来不会很困难。处于45°～90°，视觉阅读方向是由上向下流动。斜向编排的缺点是容易打乱画面整体的布局和调整。根据经验，一般画面使用斜向编排，文字需要吻合版面的图形或结构线条的倾斜度一起编排，这样画面容易协调形成整体的视觉效果。

7）文字编排对齐的基本形式

把多个文字排列成有规律的群体，使信息在版面编排时，形成分类和视觉的整体感。文字编排对齐主要有水平对齐和垂直对齐两种，还有一种使用较少的合成对齐。

水平方向可分为：两端对齐、左对齐、右对齐、中对齐、非对齐。垂直对齐可分为：上下对齐、顶对齐、底对齐、中间对齐。合成对齐可分为：两列左右中对齐，两列上下中对齐、两列左右向背对齐等。

根据不同版面型的形式构成的需要和版面均衡状况等来选用对齐方式。水平对齐适合大众化和常规的版式来排版，垂直对齐主要用于远古文化内容和非常规的异型版型。两端均齐，是文字从左端到右端的长度均齐，字群形成规则的面，呈现端正、严谨版式风格，是出版刊物的基本对齐方式，也是排列使用中最为普遍，视觉规律性好，可放置在版面的任何位置。它主要运用于篇幅很长、语意连贯的段落文字。缺点是过于呆板。中对齐，是文字以中轴线为对齐，这种对齐使文字突出，有对称的形式美，适合放置在版面对称轴线处。缺点是阅读性不好，不适用于文字过多或语意连贯的段落文字，适合相对独立且并列的短句。如名片中的电话、地址、传真等。左对齐或右对齐，是使文字对齐在左右两边，自然形成一条视觉的对齐边。左对

齐符合人们阅读时的习惯，显得自然，阅读时比右对齐效果好；左对齐适合较多数量的文字编排，而右对齐方式却只适合较少的文字；由于视觉习惯，左对齐换行可在同一个垂直起点位置开始，而右对齐的文字阅读时的换行位置没有规律，容易产生错行阅读，故阅读效果不理想，较少采用，但显得新颖。这两种方式很容易与方块的图形组合搭配，形成线与面、松与紧、虚与实等节奏感。非对齐，是一种自由的排列形式，完全不要求文字的左右整齐，主要讲究文字重心的固定。它是一种比较个性化编排形式，一般是以表现视觉效果为目的，不过多强调文字的可读性的编排形式。非对齐方式结合方向上的变化会产生文字混乱、空间和疏密变化。其实在设计中几种对齐方式都会同时使用的。由于垂直对齐使用比较少，这里就不再进行说明。

版面整体的文字排列不要过于呆板，要使文字、标题和图形错落地分布，使版面的各类文字形成整体的穿插呼应又相对独立，既相对严谨又活泼轻松的版面视觉效果。然后在版面上适当放置题花和插图，增强文字的阅读兴趣。

使用的照片使它在版面的视觉中心，把大照片尽量放在版面的最上部，除非版面上有带大幅照片的广告。多数情况下，放大到三栏效果比较好。照片需要进行艺术裁剪，不要浪费版面的空间。

每个版都要尽可能使用一张或多张照片、漫画、图表、地图或其他图形形式。这样可以增强版面的视觉舒适度，但数量要适中。

第 4 章　书籍、杂志设计

书籍由封面、书脊、封底、勒口、护封、腰封、环衬、扉页、目录、章节目录、内页、版权页等构成，有些精装书还需要在外面加上函套。这些基本上都需要用到版式设计中。

我们以设计一本艺术学院毕业生作品集为例，逐一练习书籍中的版式编排。

【练习1】

题目：书名《视角10》，为作品集设计封面。尺寸：182mmX252mm.
要求：能够体现毕业生们的活力和毕业设计的创意。

《视角10》的内容是10位优秀毕业生的毕业创作，也代表了10个不同的视角、思路、创意。"视角"在这里英文译为"View"（看法、风景、视域），英文书名译为"10 Views"，恰巧和视觉（Visual）都是首字母V，所以在这里选取"V"这个字母，利用ID软件创作了10个字母V的变化（使用钢笔工具，做法和在AI中一样），如图4-1所示，表现10个视角，使之像一条线索贯穿运用到整本书的设计之中。

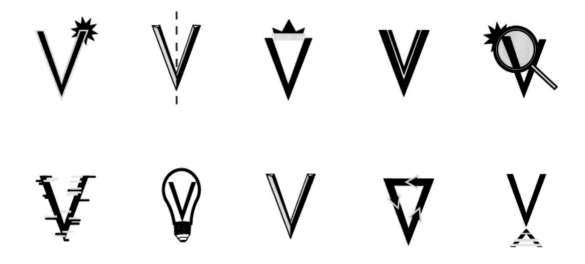

图4-1　10个图标

1. 在 AI 中新建一个 374mm×252mm 的横式文档（374=182×2+10 书脊），其参数设置如图 4-2 所示，效果如图 4-3 所示。

2. 构思创意期间，受到素材图片 4-4 的启发，因此决定将书名的中英文结合在一起，以一个既像图标又像对话框的形式展现。

3. 设计"视角"两个字体的时候，应考虑到"视角"是关键词，创意自始至终应围绕它们展开。如图 4-5 所示，在英国艺术家大卫·霍克尼照片拼贴作品的启发下，设计者打算做一个拼贴的"视角"。具体方法主要是选取很多中文字体的部分拼接成视角两字，效果如图 4-6 所示。

TIPS:

关于书脊的宽窄，设计师如果知道书总共的页数可以根据纸的厚薄计算出精确的尺寸。如果无法具体计算，书是中等厚度的情况下，一般留出 10mm 作为书脊进行设计，后期印刷制作时再根据具体尺寸修改。

图 4-2　新建文档

图 4-4　灵感来源

图 4-3　设置书脊辅助线

图 4-5　灵感来源

图 4-6　字体重组

4. 设计图标对话框的时候，定位并不是做成随意的手绘框，而是设计成具有亦反亦正的矛盾空间几何图形。这样的图标＋书名形式，更有内涵，并且恰好与主题呼应，效果如图 4-7 所示。

5. 为了更好地体现大学生的活力和创意，在色彩选择方面主要选用 100% 的黄色做底色，然后融入一些相关的矢量图形素材，经过修改重组素材后使其成为封面的底纹，再把 10 个 "V" 图标融入其中。封面中的其他信息统一放在 "3M 即时贴" 上。初期的设计是将图形铺满封面封底，最终决定只留下部分矢量图形装饰，加上出版社标识、条形码等元素，最终封面效果如图 4-8 所示。

图 4-7　图标完稿

图 4-8　封面完稿

【练习2】

题目：为《视角10》设计扉页。

要求：包含封面元素。

从扉页开始我们用 ID 来排版。扉页的构图一般不会过于复杂，通常是重复或补充封面信息。既然要求包含封面中的元素，那么就把封面中的图标进行变化，运用到扉页中。

1. 在 ID 中新建一个 182mm×252mm 的文档。其参数设置如图4-9中所示。点击"侧三角"图标，展开新的设置，如图4-10所示。

图 4-9　新建文档

图 4-10　新建参数设置

2.然后点击"边距和分栏"按钮，展开新的选项。选项中边距的"上、下、内、外"指页边距，也就是形成的版心位置，默认数值为20mm，如图4-11所示。单击"确定"按钮即可得到单页文档。效果如图4-12所示。

3.根据个人习惯不同，在设计扉页时可以把封面置入在文件中，这样生成预览的时候，封面在上，比较直观有整体感（通常封面是单独完成设计），效果如图4-13所示。

图 4-11　页边距

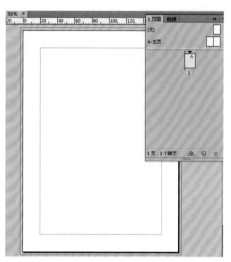

图 4-12　页面打开

图 4-13　置入封面

4.新建其他页面的方法是：鼠标单击右侧隐藏工具栏中的"页面"图标后，展开浮动面板，点击底端的"新建页面"按钮，将会一页一页的新建页面。在浮动面板中间部分的预览图中，也会出现新建的页面，双击第3页，工作区将显示为当前页，此时可以键入副标题中英文。效果如图4-14所示。

5.打开AI格式的封面文档，"复制"一个封面图标"粘贴"到扉页中，执行"右键→排列→置于底层"命令，图标就衬托在文字之下了。置入出版社图标后，扉页的设计就完成了。如图4-15所示。

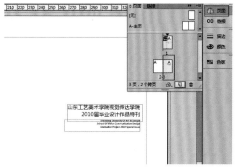

图4-14　新建扉页

图4-15　扉页完稿

【练习3】

题目：为《视角10》设计目录。

要求：非传统目录形式，具有个性化的风格。

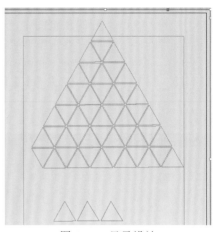

图 4-16　目录设计

传统目录的形式是用文字来说明信息，目前构思创作一个图形化的目录，即采用图形来表述信息。

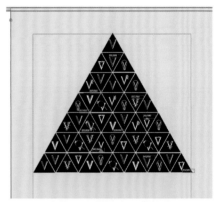

图 4-17　置入 10 个图标

1. 新建页面，激活"矩形工具"绘制背景并填充黄色。在矩形上点击鼠标右键，在弹出的下拉菜单中选择"锁定背景"选项，此时背景已经被锁住，图片边缘出现一把小锁。激活钢笔工具，绘制一个等边三角形并复制 N 个三角形，调整其位置使之成金字塔形，注意每个三角形的间隔距离要相等，效果如图 4-16 所示。

2. 将 10 个"V"字图标随机排列放入金字塔形。然后挑出 10 个不同的"V"字并标注页码，效果如图 4-17 所示。

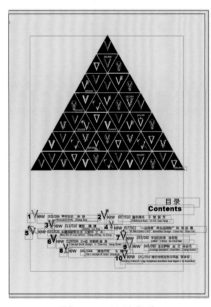

图 4-18　目录完稿

3.此图形设计在出场先后次序上表述还不够清晰，为了将信息完全阐述清楚，再加入文字目录补充说明。文字目录的版式编排比较简单，参照图形目录中每个学生分配的 V 图标，按"图标顺序"→"页码"→"题目"→"作者"的顺序制作，然后在下面加上英文，图形信息目录就完成了，效果如图 4-18所示。

4.左侧页也可以加入一些元素来点缀，具体做法是：在 PS 中把每个学生的设计作品拼接后裁切成等边三角形置入，一部分留在页面中。接下来再把白色金字塔线框等比放大，旋转成和图片相同的角度，放置其上作为装饰。效果如图 4-19所示。

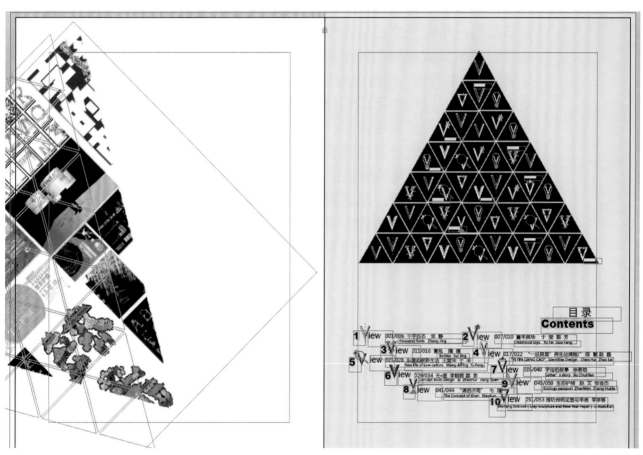

图 4-19 目录对页

【练习4】

题目：篇章页的编排。

篇章页又叫辑页、中扉页、隔页，是画册正文内的插页，排列在作品的首页位置。每一件画册作品都有分篇、部、章等，这些章节起到一个对正文的分割作用。例如画册设计时用单页或有颜色的纸张隔开，即起到分隔篇、章的作用，也可以对读者有个提示，使读者在阅读过程中可以有休息和思考的时间。它印有序数或篇章名称，可进行装饰性点缀。篇章页的设计要简洁大方，不要过于复杂、华丽，也可以用特殊纸张或者进行镂空、凸凹的特殊方法处理。同时篇章页可以是单页设计也可以是双页设计，单页设计一般都在右页，因为左页在翻阅过程中很容易被忽略掉。

TIPS：

这里练习了原位粘贴这个功能，后面会练习在主页上设置自动排页码的功能。

1. 构思

预想把每一章节目录设定在左侧页，右侧页是创作预览，这样章节目录虽然占据2个页面，但如此内容却更丰富，也比较直观。

章节目录左侧信息分上中下排列，分别是"V+序号"、指导教师、学生设计题目班级姓名。右侧信息是作品精彩截图和创意构思及提要，文字段落编排则是对齐版心的外侧。

2. 页码

页码是书籍的必要组成部分，也是需要设计的元素之一。通常书籍正文的右侧页面为开始页"1"，这样右手页都是单数页码，左手页则是双数页码。有时为了设计需要只出现单数页码，这并不会影响其指示功能。

如果设定页码序号出现在每个单数页的右上角的位置，那么从目录页开始算起，依次排列下去，如图4-20所示是第2、3页。把稍大字号的"003"斜放在右侧页面的右上角，将这里就定为页码的位置。复制此页码"003"，在第5页上执行"鼠标右键 → 原位粘贴"的命令，把"003"粘贴在第5页的相同位置，再改为"005"， 如图4-21所示。按照相同的方法把"003"依次粘贴在每个单数页上，再改变成正确的序号，这样就完成了所有页码的设置。（此页中的曲线是导入学生作品图的局部，作为装饰。）

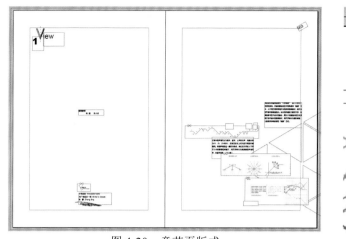

图 4-20 章节页版式

图 4-21 页码

3. 在 ID 中，想要去掉图片某部分时不必在链接的源文件中修改，只需要拉动外框就可以把不需要的部分"遮挡"住。如图 4-22 所示，按箭头移动的位置来拉动外框向下即可。余下的黄色部分可以用"矩形工具"做白色"无描边"的"补丁"来遮挡，效果如图 4-23 所示。

4. 置入图片后，链接图显得特别不清晰，请不要担心会影响印刷的质量，这只是"典型显示"的预览效果。

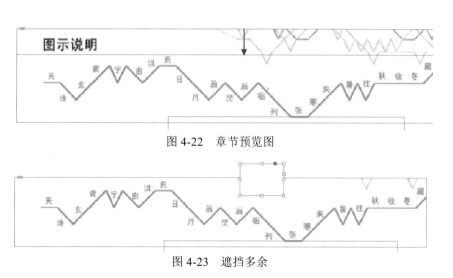

图 4-22 章节预览图

图 4-23 遮挡多余

TIPS：

　　执行菜单"视图"→"显示性能"→"高品质显示"命令来改变设置，使图片高质量显示。而键入的文字部分始终是处于清晰状态，不受此设置影响，效果如图 4-24 所示。

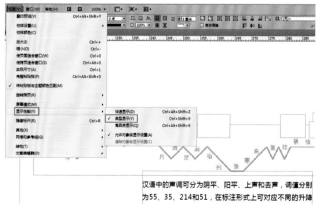

图 4-24 显示性能

5.在第二个篇章页中，大框架依旧不变，右侧的学生作品预览图可以放大，占据一定的空间，像是一个照片墙的效果。构思提要的文字段落同样对齐版心外侧放置，效果如图4-25所示，其他篇章页依次类推。

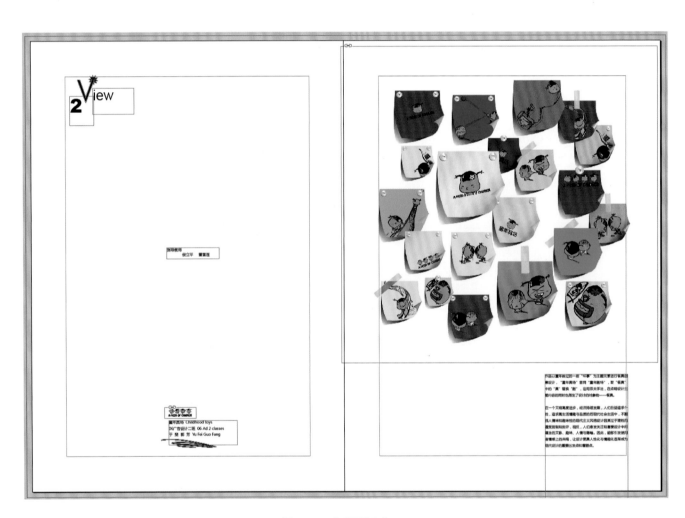

图4-25　章节页版式

【练习5】

题目：内页的编排。

要求：版式活泼新颖，变化中蕴含规律。

设计作品集中往往以图片居多，以突出作品视觉效果为主，文字信息穿插设计。它要求版式新颖，即是图文编排要有较大的变化，打破常规，其中规律是指编排上某元素贯穿始终的运用。

1. 接着篇章页之后新建两个页面，置入内容图片和文案开始编排。

2. 如图 4-26 所示，图片占据跨页，因为背景是白色，所以图片看起来是没有边框的自由图形，独具美感。跨页设计需要注意的是，图片的主要部分应避开两页之间的装订处，否则会损失掉重要图文信息。文字段落的编排上还是遵循对齐版心外侧这一规律，选择适当的位置或者下移至版心底部与右侧底部对齐。使用目录图形中提炼出的金字塔形线框作为贯穿整本书始终的线索，将内容联系起来。如图 4-26 中金字塔形线框缩小后同时起到指示图文对应的作用。

3. 图 4-27 中学生作品本身就有很强的可视性，可以把它放大至几乎版心大小，按规律居版心右侧。然后文字段落安插在学生作品中彩色线段比较稀疏的部位，使之与图片融为一体。左侧页中的"空"正好和右侧页中的"满"对比均衡。

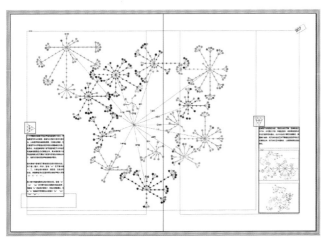

图 4-26　内页版式案例

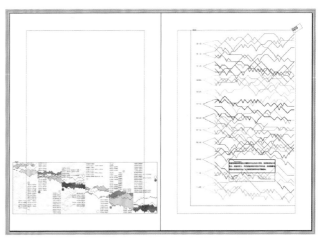

图 4-27　内页版式案例

4. 在图 4-28 的排版中，左手页底色设置为黑色并"出血"，右手页大面积留白，只采用一个黑色小图与左侧呼应。文字段落依旧按规律编排，如此左右页形成你中有我，我中有你，一黑一白，既有对比又交相呼应。

5. 多图的版式编排方法有很多，例如图 4-29 中，将多图编为一组，视觉上就像一张图的效果，同时又比单张图信息丰富。然后把金字塔形线框元素等比放大，旋转其角度置于底部做装饰，这种活泼的设计打破了图片组合的严谨，为其添加了动态元素。右手页选择文字段落和白框图片编组，注重图片组合的虚实关系。金字塔形线框又缩小为具有指示功能的图标大小。

图 4-28　内页版式案例

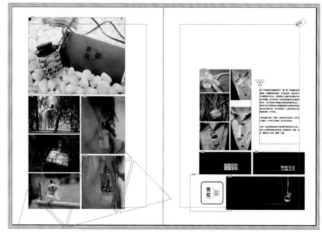

图 4-29　内页版式案例

注意: 版心大小不是绝对严格的。图 4-29 中，左右页中的图片都超出了四周的页边距线，这样编排的原因是图片多，为了避免显得过于拥挤。类似这种情形可以按审美经验来调整超出的部分的大小。

6. 在一连串的特殊版式之中，不妨插入几个中规中矩图文编排。如图 4-30 中所示，左手页上的大图按上下顺序排列，右手页中的小图分成两列，共居版心中央。由于插入的图片都是白色背景，所以不需要边框，和底色融为一体。

7. 工作界面中受到许多辅助线框和图片质量的影响，很难让设计师和客户预览整体设计效果。基于这种情形，如图 4-31 所示执行"文件"→"导出"命令，在弹出的对话框中，如图 4-32 所示，选择保存目录，然后在"保存类型"选项中打开下拉菜单，根据文档导出的用途来选择保存格式。其中打印文档选择第二个选项，选择 JPG 格式则会保存为单张文件放置在一个文件夹中。

8. 单击"保存"后，弹出如图 4-33 中所示对话框。在页面中选择要预览的范围、显示单页还是跨页；在"图像处理"中选择输出文档的质量，品质可选高、中、低，分辨率有 72～300 可供选择。单击"确定"按钮后，出现如图 4-34 所示的生成 PDF 进度提示，即可生成一个 PDF 格式的文件，效果如图 4-35、图 4-36 所示。

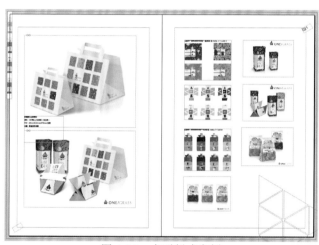

图 4-30 内页版式案例

图 4-32 导出文件格式

图 4-31 导出

图 4-33 导出参数

图 4-34 导出过程

TIPS：

如果图片带有背景且背景色不统一，通常会通过为其描边框达成视觉统一的效果。左上角采用彩色图片以出血的方式创建了一个类似页眉的设计；右下角稍显空白，则插入金字塔形线框填充页面。

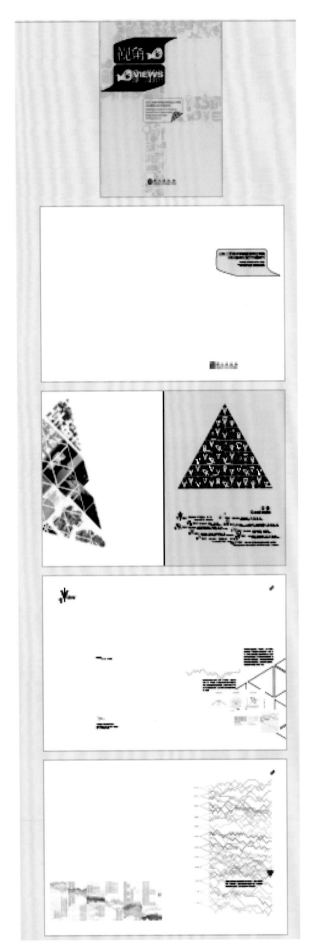

图 4-35　PDF 文件预览 1

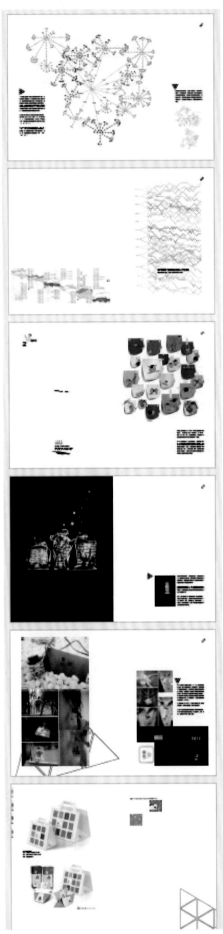

图 4-36　PDF 文件预览 2

【延伸练习1】

题目：为某电影杂志设计几个内页。

要求：妥善处理图文之间的关系。

　　杂志内含大量信息，图片、文字段落众多，真可谓"杂"。那如何有条不紊地处理这些信息呢？可以通过把文字与图像分离，这里的"分离"不是指使它们不在一个版面出现，而是通过文字段落的背景色使它们区分开达到"易读"的效果。

　　杂志的尺寸通常是大16开（210mm×285mm）。

　　1. 新建一个 210mm×285mm 的 ID 文档，其参数设置如图4-37、图4-38所示。

图 4-37　新建文档

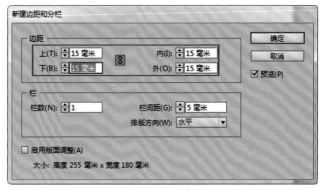

图 4-38　页边距

2. 通常杂志的页面很多,页码设置通常是比较传统的,因此无须采用逐页"原位粘贴"页码的方法,一般利用"主页"自动设置页码的方法即可。

打开"页面"浮动面板,双击浮动面板上的"A—主页", 如图4-39所示,工作区域就会出现相应主页页面。

激活文本工具,在主页左手页面的左下角建立一个文本框,这时可以看到页面预览中的每一个左手页面都出现一个文本框。执行"文字"→"插入特殊字符"→"标识符"→"当前页面"命令,文本框内会出现一个"A",步骤如图4-40所示。复制这个文本框到右手页面的右下角,如此主页页码设置完成,效果如图4-41所示。双击页面面板中的其他任意页可以观察到左右页均已设置了页码,效果如图4-42所示。

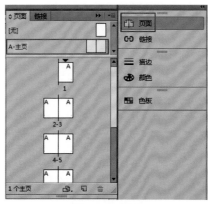

图 4-39　主页

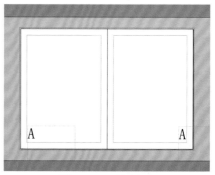

图 4-41　页码生成

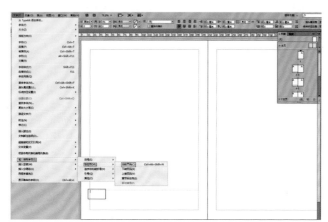

图 4-40　页码

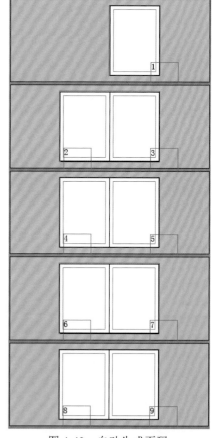

图 4-42　自动生成页码

◆ 版式设计

3. 如果想从第三页开始计算页码，则在页面浮动面板上的第三页点击鼠标右键，在弹出的下拉菜单中，如图 4-43 所示选择"页码和章节选项"，然后设置如图 4-44 所示参数，单击"确定"按钮即可。这样所示页码就重新排列，效果如图 4-45 所示。

4. 置入一张图片做背景，调整大小，如图 4-46 所示，点击右键锁定背景。

TIPS:
　　主页上有什么，其他页面上就会出现相同的效果。所以通常在主页上设计页码、页眉、页脚等每页固有的元素。

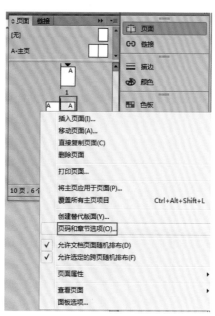

图 4-43　设置页码起始页

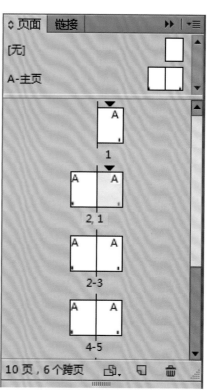

图 4-45　页码预览

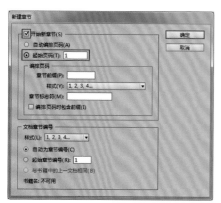

图 4-44　改变起始页

图 4-46　锁定图层

5. 激活"矩形工具",根据文字段落设计的范围绘制矩形区域并填充白色,效果如图 4-47 所示。将文字依次复制、拷贝至文本框并调整版式,效果如图 4-48 所示。通过白色区域把文字与图像分离,使所有信息一目了然。

6. 其他页面可以以此为例,逐步完成,效果如图 4-49 至图 4-51 所示。

图 4-47　建立文字段落背景

图 4-48　置入文字段落

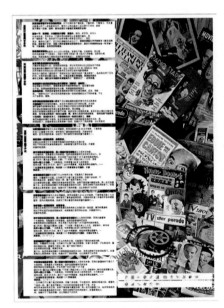

图 4-49　内页完稿

图 4-50　内页案例

图 4-51　内页案例

1. 新建一个 Photoshop 文档，其参数设置如图 4-52 所示。

2. 选择一张有强烈透视感的电影海报，激活"裁切工具"，如图 4-53 所示选取其中一部分，双击鼠标左键完成剪切，然后将其拷贝到新建文件中，调整大小作为背景，效果如图 4-54 所示。

【延伸练习 2】

题目：《蝙蝠侠》剧透。
要求：在原有海报上添加相应信息。

图 4-52　新建 PS 文档

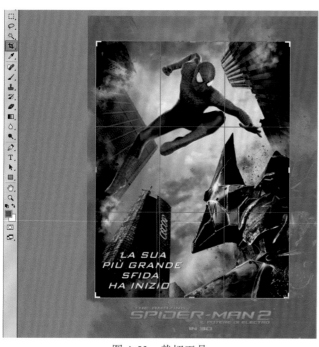
图 4-53　裁切工具

图 4-54　裁切后效果

3. 如图 4-55 所示,在图层浮动面板中新建一个"图层 2"。

4. 以"图层 2"为当前层,激活"矩形选框工具",绘制条状矩形并填充白色。然后激活"移动工具",按住 Alt 键的同时按住鼠标左键移动白色矩形,复制多个相同的矩形,把它们重叠排列,效果如图 4-56 所示。

5. 点击 Ctrl+T 组合键,在图形外形成了一个自由变换框,按住 Ctrl 键的同时按住鼠标左键拖动自由变换框的各角来改变其透视方向,调整至满意角度后按 Enter 键即可,效果图 4-57 所示。

图 4-55 新建图层

图 4-58 文字居中

图 4-56 填充选框

图 4-59 栅格化文字

图 4-57 自由变换

图 4-60 文字自由变换

6. 激活"文字"工具，按住鼠标左键绘制文本框，复制文字段落至文本框中，选择居中排列并改变每行字体大小和行间距，效果如图4-58所示。右键单击图层面板中的文字图层，如图4-59所示，选择栅格化文字选项。栅格化的"文字"图层就可以随意自由变换了，调整透视关系，效果如图4-60所示。

7. 如果对设计效果不满意可以再修改一下。在"历史记录"浮动面板中找到并点击"栅格化文字"，如图4-61所示，就能回到栅格化文字状态。接下来关闭"图层2"，新建"图层3"，并把"图层3"排列在文字图层的下方。

8. 以"图层3"为当前层，为文字量身定做白底，效果如图4-63所示。按住Ctrl键在图层面板中点击"图层3"缩略图载入选区，然后点击Delete键删除文字，形成镂空水印效果。然后调整透视关系，效果如图4-64所示。整体效果如图4-65所示，这样的设计既凸显出文字信息又与背景高度融合，而且设计效果比之前的更好。

图 4-61　历史记录

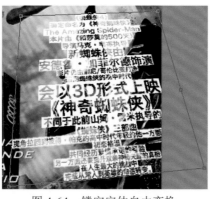

图 4-64　镂空字体自由变换

图 4-62　改变图层位置

图 4-63　调整字体适应背景

图 4-65　完稿

第 5 章　VI 手册编排设计

理论部分

宝龙乐园 VI 框架

VI 手册封面

VI 手册扉页

VI 手册一、二 级目录

VI 手册页眉、页码

理论部分

CIS 的概念

CIS 是英文 "Corporate Identity System" 的简称，定义是"企业形象识别系统"。除此之外，它还有企业形象战略、企业形象识别、企业的同一化系统、企业视觉形象识别系统等名称。其主要是针对企业的经营状况和所处的市场地位、竞争环境，为帮助企业在竞争中脱颖而出所制订的营销策略和管理措施。

不论是何种名称或解释，CIS 主要的含义和目标是：一个企业将自己的经营理念、服务宗旨、管理方法、文化内涵和视觉形象等因素以系统而一致的整体视觉形象战略的方式向外界，包括社会、市场和消费群体进行表述，以求得到社会、市场、消费群体等各方面的认同和信任，支持和促进其发展壮大。

CIS 设计是企业对经营理念、价值观念、文化精神的塑造过程，借此改造和形成企业内部的制度和结构，并通过企业的视觉设计，将企业形象有目的，有计划的传播给企业内外的公众，从而达到让社会公众对企业理解、支持与认同的目的。CIS 设计的首要问题是，企业必须分别从识别和发展、社会和竞争的角度，对自己进行定位，并以此为依据，认真整理、分析、审视和确认自身的精神理念、经营方针、企业使命、企业哲学、企业文化、运行机制、产业特点以及未来的发展方向，使之演绎为视觉符号系统。其次是将具有象征性的视觉符号系统，设计成视觉传达的基本元素，统一地、有控制地应用在企业行为的方方面面，使有限的内涵产生无限的外延。让它真正成为能够代表企业的同一物性，而不是一件装饰品。

CIS 的构成

CIS 的构成

CIS 包含着三大部分：分别是 MI(理念识别：Mind Identity)、BI(行为识别：Behavior Identity) 、VI(视觉识别：Visual Identity)，三者相辅相成。

MI—精神文化

MI（Mind Identity）是指企业精神，即企业的经营理念识别。它是 CIS 体系的核心和理论基础，更是企业的灵魂。它以企业的经营理念为出发点，将其经营方针、经营宗旨与存在价值以及外在利益、行为准则、精神标语，以沟通的方式予以明确化。

MI 包括企业的使命、经营理念、经营策略、发展战略、精神标语、座右铭、企业文化、价值观念、道德准则等基本内容。企业使命是企业依据社会使命而进行的活动；经营理念是企业进行活动的依据。

MI 是企业的形象定位与传播原点，也是企业识别系统的中心构架，它可称为是 CI 的"想法"，是企业的心。企业理念虽然对外显现其经营方针，但是社会价值观也要考虑在内。同时，更需顾及未来企业的延续性。对时代性加以关注可以令企业在社会中的影响力有极大的转变，获得大众的信赖。良好的经营需要理念、行动、成员相互配合。企业组织体，思想、精神、文化的意识层，透过企业外部商品购买、营业劳务、开发生产与内部人事、组织、教育以及对社会大众有益的活动与回馈，共同构成企业理念。

企业经营理念是企业发展之根本，各著名企业皆有其旗帜鲜明的经营理念。IBM 公司的经营理念是"科学、进取、卓越"。丰田公司的经营理念是"优良的产品、优良的思想、世界的丰田"。而宏基电脑企业的理念的开发与建立则经历了三个阶段：第一阶段为自我的开发与成长时期，其耕耘经营的理念是 "微处理机的园丁"；第二阶段为员工的勉励与期许时期，其合作共识经营的理念是："贡献智慧，创造未来"；第三阶段为整体的关怀与目标时期，其追求实现经营的理念是："心怀科技，放眼天下"，这些都为企业的经营与发展提供了坚实的信心与目标。

BI—行为文化

BI（Behavio Identity）是企业的共同认知，即企业的行为活动识别。它是指组织行动的组合，是企业理念的具体体现。企业把握经营行为的本质与独立性的关键在于确立组织的同一性。企业理念一旦确立，就要围绕其展开具体的对内与对外行为的识别。它体现企业文化中企业员工生产经营和人际关系中产生的"活动文化"，包括规范全体员工的一切经营管理活动、规划组织、教育与管理。

BI 对内包括干部教育、员工教育，其内容有服务态度、电话礼貌、应接技巧、服务水准、工作精神等，另外还有生产福利、工作环境、内部营缮、研究发展等；对外包括市场调研、产品开发与生产、产品的销售服务、公共关系、促销活动、流通对策、代理商与金融、股市对策、企业公益性与文化性活动等，它是获得消费大众的识别与认同的形式。活动领域是指企业依据自我属性设定生产或商品行动领域。行为识别基本是企业依据内部的各级领导与员工心理活动状态实施的教育认知。

BI 是企业实践经营理念与创造企业文化的准则。BI 也是企业识别系统的核心部分，可称为是 CI 的"做法"，是企业的手。通过企业外部的形象调查、市场调研、产品分析、经营业绩分析与检讨，拟订出企业基本形象概念、行为规范，这是创造成功形象的关键。通常，企业被区分为技术、生产、营销等部门。通过 BI 使员工内部对企业理念形成共识，具有敬业精神、合作精神与荣誉感，增强企业凝聚力，进而改善企业机制，树立优秀的企业形象。而且企业的各个部门相互尊重，各司其职，以便构筑企业之合力。企业的经营方式各有特征，或以技术、品质取胜；或以注重服务著称；或以强力促销展开成本战略。在方针确立之前，企业必须对自身能力加以评估，以作为展开经营行动的出发点。另外，企业应具备主观的动机意识，对于未来的经营目标与商机的延展，有充分的认知。企业的动力，取决于和社会需求的对应度。

VI—视觉文化

VI（Visual Identity）是指视觉认知，即企业的形象识别。是企业在 MI、BI 的基础上，所设计的向外界传达的全部视觉形象的总和，也是 CI 的具体化、视觉化、符号化的过程。它以视觉辐射力作传播媒体，是属于视觉信息传递的各种形式的统一，亦是 CI 系统中最

外在、最直观的部分。就人而言，姓名与面貌不能对应，即使有二三次谋面经历，对于印象薄弱者来说，只能形成模糊的记忆。就企业而言，情况也是如此。表达机能低而欠缺说服力的传达若一再发生，只是徒增企业成本，造成损失。而企业的面貌，必须结合理念与行动。如银行以亲切的作风展开服务；产品制造商则突出显示其产品品质的优秀性，以获得消费者的信赖。因此企业名称或标志必须将企业形象与行业相配合，传达出明确的讯息。企业名称若能确保简洁、响亮的原则，并带有出色的视觉形象，便可强化企业的竞争力。再加上贴切的商标设计，更可增加企业在社会印象中的存在意义。VI 是将企业的沟通概念、设计概念以最易传达与接受的图形形式具体而又直接地表达出来，可称为是 CI 的"看法"，是企业的脸。

VI 塑造企业的形象，体现企业的个性，形成企业独特的风格，并通过一定的传播活动与途径，最终在广大公众的心目中树立起企业形象。表层的企业文化是体现产品的文化价值：包括产品的造型特点、商标特色、包装设计、品牌理念以及价格定位、服务水准等；深层的企业文化是表现企业的各种物质设施，包括企业名称、标志、象征物、环境氛围等。

【练习1】

题目：为宝龙乐园的 VI 手册构思目录框架。

要求：能清晰地体现出 VI 的结构和特点。

当一套优秀的 VI 设计即将完成时，还需要考虑用何种方式将它完美清晰地呈现出来，这个过程就称之为 VI 手册的制订和设计。如果你刚好有一套完整的 VI 设计，那么就开始练习吧。

通常 VI 中包含基础系统和应用系统，但是根据品牌的特殊需要，还可能有其他部分。如图 5-1 所示为宝龙乐园 VI 中所有的设计内容。

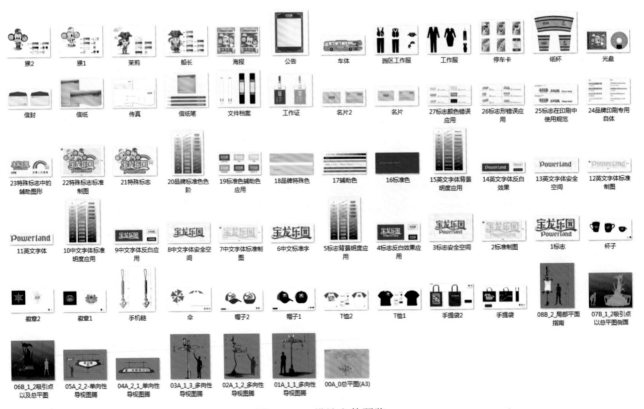

图 5-1　VI 设计文件预览

宝龙乐园 VI 设计中包含办公区域和乐园区域，根据其特点可以分为基础系统、应用系统、园区指示系统、人物设定这样四大类。

1. 基础系统

基础系统由 7 方面内容组成，分别是：

① 品牌标志，包括宝龙乐园标志、标志标准制图、标志安全空间、标志反白效果应用、标志背景明度应用；

② 品牌中文字体，包括中文标准字、中文标准字标准制图、中文标准字安全空间、中文标准字反白效果应用、中文标准字背景明度应用；

③ 品牌英文标准字，包括英文标准字、英文标准字标准制图、英文标准字安全空间、英文标准字反白效果应用、英文标准字背景明度应用；

④ 品牌标准色及辅助色，包括品牌标准色、品牌辅助色、品牌特殊色、品牌标准色和辅助色应用、品牌标准色色阶；

⑤ 品牌特殊标志及辅助图形，包括特殊标志、特殊标志标准制图、特殊标志中的辅助图形；

⑥ 品牌印刷专用字体；

⑦ 标志的应用规范，包括标志的错误应用、标志颜色的错误应用。

2. 应用系统

应用系统由 6 方面内容组成，分别是：

① 员工名片及胸卡，包括员工名片、员工名片制作规范、员工胸卡及制作规范；

② 办公事物用品，包括资料夹、资料盒、铅笔、传真纸、信纸、信封、光盘盒、光盘、纸杯、一卡通；

③ 员工制服，包括办公区员工制服、乐园区员工制服；

④ 交通工具，包括巴士车体涂装；

⑤ 宣传用品，包括乐园宣传海报、公告海报；

⑥ 礼品，包括 T 恤、帽子、徽章、杯子、雨伞。

3. 园区指示系统

园区指示系统由 3 方面内容组成，分别是：

① 总平面图，包括总平面图、正面效果图、侧面效果图；

② 立式指示牌，包括多向性导视图腾、局部平面指南；

③ 挂式指示牌，包括单向性导视图腾 1、单向性导视图腾 2。

4. 人物设定

人物设定，包括强斯、茉莉、噜噜、达茜。

这样目录的大致框架就建立了，然后再将 VI 设计稿按此归类放置，使设计者看起来一目了然。

【练习2】

题目：为宝龙乐园的 VI 手册设计封面。

要求：与品牌形象风格一致。

考虑到宝龙乐园是以 17 世纪欧洲海盗题材构思的主题乐园，VI 设计也就围绕着这一主题展开设计，因此可以适当加入一些航海元素，封面用色选用品牌的标准色。

1. 首先，新建一个 AI 文档，其参数设置如图 5-2 中所示（预留出 5mm 的书脊宽度）。其次，用辅助线确定书脊的位置后锁定辅助线。最后，激活"矩形工具"绘制与文档同样大小的矩形并填充品牌标准色（C60 M40 Y100 K50）作为背景，效果如图 5-3 所示。

图 5-2　新建 PS 文件

图 5-3　封面底色

2.置入一张欧洲航海地图并降低其透明度，然后放大图片，选择海峡局部位置，使之恰好能表现封面设计目的，效果如图5-4所示。

3.激活"矩形工具"创建矩形并填充品牌标准色，覆盖书脊和封底的地图。接下来在封面上键入文字标题和相关文字信息后排版（中文字体选用文鼎特粗黑简体，英文字体选用Arial Black），效果如图5-5所示。

4.最后在封底居中置入标志元素，封面整体设计完成，效果如图5-6所示。

TIPS：
对于导入的位图同样可以在PS中根据设计的需要剪切后置入AI中。而对于在AI中置入的位图有时会大于设计图，这没有关系，因为超出部分输出时不显示，因此不会影响印刷品质量。

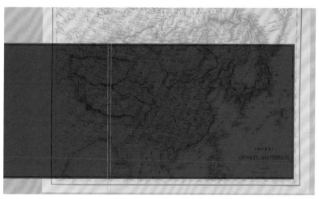

图5-4　置入素材

图5-5　封面版式

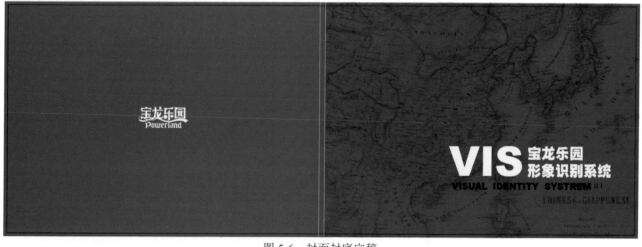

图5-6　封面封底完稿

该设计整体色调采用品牌标准色，封面中的古老航海地图不但呼应了乐园主题而且像肌理一样起着装饰的作用，这种肌理恰恰能反映出品牌形象中的中世纪风格。标题中英文选用的粗体字使人感觉更加醒目、有力。封底将品牌标志形象居中，呼应主题。

【练习3】

题目：为 VI 手册设计扉页。

要求：呼应封面，形成系列并且有整体感。

1. 通过练习 1 中制订的目录可以计算出 VI 手册的页数为 70 页。新建一个 ID 文档，其参数如图 5-7、图 5-8 所示，（习惯在第一页中置入封面文件，并锁定），单击"确定"按钮，效果如图 5-9 所示。

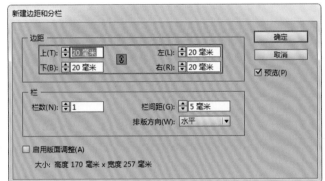

图 5-8　页边距

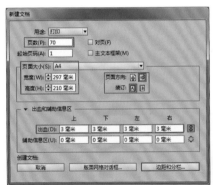

图 5-7　新建 ID 文件

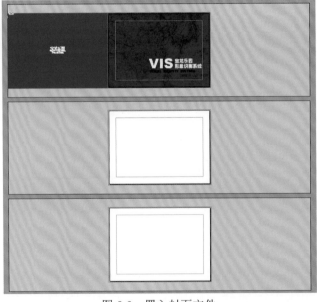

图 5-9　置入封面文件

2.VI 的扉页通常是企业简介或者领导讲话等内容。在此置入一张船的矢量素材用来装饰页面，描边颜色设置为标准色，效果如图 5-10 所示。

3.激活"文字工具"绘制文本框，把相关文字内容拷贝至文本框内。其中，字体设置为"方正粗倩简体"（严格执行品牌印刷专用字体），字体颜色设置为标准色，调整字符大小和行距等参数，扉页设计完成，效果如图 5-11 所示。

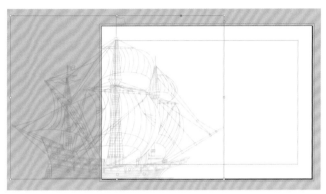

图 5-10　置入素材

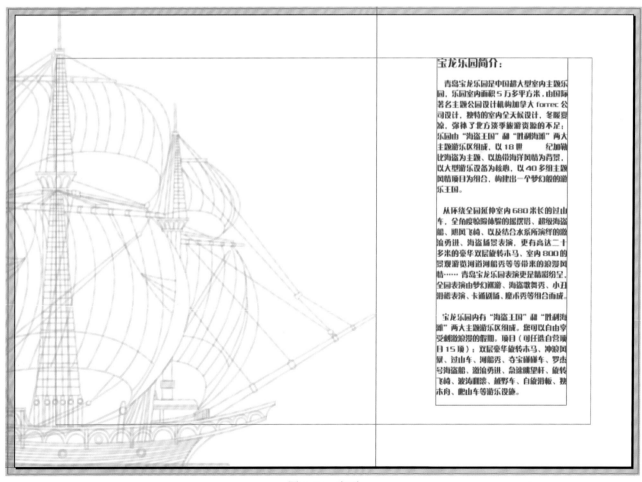

图 5-11　扉页

【练习4】

题目：为VI手册设计一级目录、二级目录。

要求：结构清晰、一目了然。

2. 在二级目录页的设计上，形式感要强一些。激活"矩形工具"，绘制背景大小的矩形并填充品牌标准色，然后将二级目录页文字信息拷贝至相应位置，效果如图5-14所示。

3. 激活文字工具，输入大写字母"A"。根据设计需要将字母"A"设置为半透明效果，然后执行菜单"文字"→"创建轮廓"命令，如图5-15所示将字母"A"变为路径。

1. 将在练习1中整理好的目录内容置入页面，效果如图5-12所示。此时可以发现目录内容太多，因此决定将部分二级目录放置到篇章页中，这样比较容易编排。精简后的目录效果如图5-13所示。有关页码信息可以在完成整本VI手册后再添加。

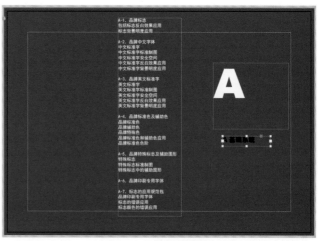

图 5-14　章节页排版

图 5-12　目录内容

图 5-13　目录完稿

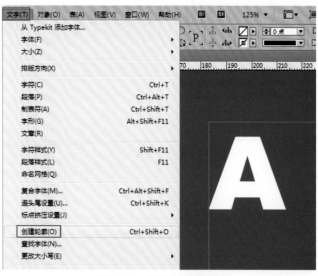

图 5-15　字母创建轮廓

4. 在"窗口"菜单中打开"效果"浮动面板，调整透明度至所需透明度即可，效果如图5-16所示。字体设定为品牌印刷专用字体"方正粗倩简体"，二级目录效果如图5-17所示。

5. 单击鼠标右键执行"复制"→"原位粘贴"命令，如图5-18、图5-19所示，分别将其他二级目录做好，效果如图5-20至图5-22所示。

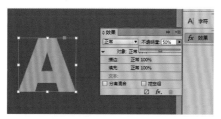

图 5-16　更改不透明度

图 5-17　章节页完稿

图 5-18　整体复制

图 5-19　原位粘贴

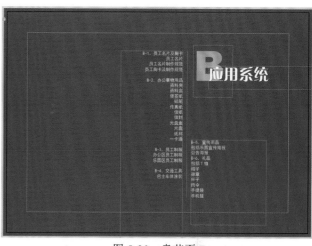

图 5-20　章节页 B

图 5-21　章节页 C

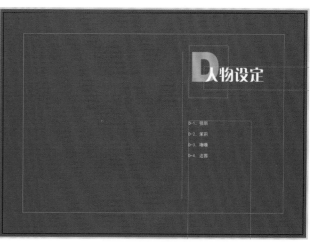

图 5-22　章节页 D

【练习5】

题目：为 VI 手册设计页眉和页码。

要求：功能性和装饰性兼备。

1. 如图5-23所示，双击"页面"浮动面板中的"A-主页"，工作区即显示该页。在主页面上，如图5-24所示，设计好固定元素和页码。将页码设定从第二页简介部分开始为"1"（依照第四章中介绍的方法）。

2. 如果个别页面不想贯彻主页中的元素，例如各二级目录页。具体操作方法是：在页面预览中选中该页，如图5-25所示"右键单击该页"→"将主页应用于页面…"→"应用主页下拉菜单中选 [无]"命令，如图5-26所示。这样，二级目录页将不受主页的设置影响，是空白的。

图 5-23　新建 A 主页

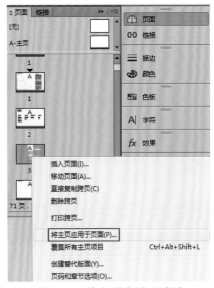

图 5-25　将主页应用于页面

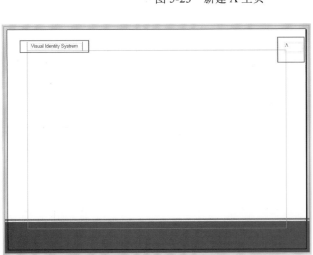

图 5-24　设计 A 主页

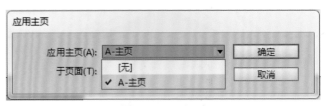

图 5-26　A 主页

选项的下拉菜单中点击"A-主页"。单击"确定"按钮后，主页区域出现新建的"B-主页"，预览上面有一个字母A，内容和"A-主页"一样，如图5-32所示。双击"B-主页"，在此基础上可为页眉处添加新内容，如图5-33所示。

4.同一个主目录下有重复内容的所有页面可以创建另一个新主页。具体做法是：在页面浮动面板"A-主页"附近的主页区域任意处单击鼠标右键，弹出如图5-30所示选项，选择"新建主页"后弹出如图5-31所示的选择面板，在"基于主页"

3.页眉部分的设计可以根据每个页面的内容不同而加入新内容，如图5-27至图5-29所示，这样的设计使页眉也变成了目录，具有导视的作用。

图 5-32　B 主页预览

图 5-30　新建主页

图 5-27　页眉

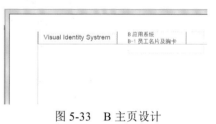

图 5-33　B 主页设计

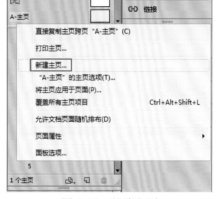

图 5-31　基于 A 主页

图 5-28　页眉

图 5-29　页眉索引

5. 接下来把与"B应用系统中B-1员工名片及胸卡"有关的页面都右键设置成应用于"B-主页"。完成后即可把VI设计的内容置入页面排版了。如果有文字说明段落的，如图5-34所示，集中放置在页眉下方位置编排。

图 5-34　置入内容

完稿如下图：

VIS手册34　　VIS手册35

VIS手册38　　VIS手册39

VIS手册42　　VIS手册43

VIS手册46　　VIS手册47

VIS手册50　　VIS手册51

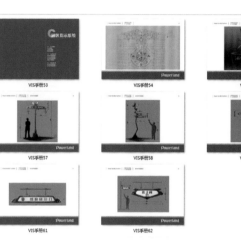

VIS手册53　　VIS手册54　　VIS手册55　　VIS手册56

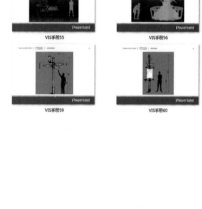

VIS手册57　　VIS手册58　　VIS手册59　　VIS手册60

VIS手册61　　VIS手册62

TIPS：

ID 文档中所有的置入图和所用到的文字都要跟随文档一起存放，移动时如果只拷贝 ID 文档则会出现找不到字体，链接图丢失等情况，影响印刷。另外，置入图存放的目录变动时，需要在文档"链接"浮动面板中找到新目录下的图片并重新链接，否则也会造成图片丢失。

VIS手册63

VIS手册64　　VIS手册65

VIS手册66

VIS手册67　　VIS手册68

VIS手册09

第6章 网页的编排

理论部分

"LAMER"网站首页设计

艺术家网站首页设计

光明酸奶主页——曲线型

旅游网站主页——导向型

康师傅主页——焦点型

度假酒店主页——重复型

儿童品牌主页——散点型

理论部分

科技发展日新月异，网页设计也越来越多元化。如今的网页设计发展在多元、创新、创意的层次上，但无论怎样创新与变化，万变不离其宗。一个成熟的网页界面并不是任意改变的，它是需要规则和艺术设计要素的。因此在这一章中主要分析网页布局的要素，即页面尺寸、整体造型、页眉、文本文字、页脚、图片、多媒体、导航栏的位置和交互式表单。

一、页面整体造型

网站的设计首先要考虑页面整体造型的定位。任何网站都要根据主题的内容决定其风格与形式，因为只有形式与内容的完美统一，才能达到理想的宣传效果。网站的整体风格实际上是指站点的整体形象给浏览者的综合感受。

网页设计的目标是将网页和用户联结，通过设计让用户对网站产生信任。尽管以功能性为主，但依然需要为用户提供良好的用户体验。作为一个设计师要做到通过网页有效地传达客户的信息或者品牌、能够让浏览者建立一种对品牌的信任感，这是对一个网页设计师最基本的要求。

1. 网站风格

风格 (style) 是抽象的。网站风格是指站点的整体形象给浏览者的综合感受。

这个"整体形象"包括站点的 CI（标志、色彩、字体、标语）、版面布局、浏览方式、交互性、文字、语气、内容价值、存在意义、站点荣誉等诸多因素。大家都觉得迪士尼是生动活泼的，IBM 是专业严肃的。这些都是网站给人们留下的不同感受。

风格是独特的，是企业之间的区别之一。色彩、技术、交互方式都能让浏览者明确分辨出这是企业网站独有的。

风格是有人性的。通过网站的外表、内容、文字、交流可以概括出一个站点的个性、情绪。是温文儒雅、执着热情、活泼易变、还是放任不羁。像诗词中的"豪放派"和"婉约派"，完全可以用人的性格来比喻站点。

有风格的网站与普通网站的最大区别在于：普通网站看到的只是堆砌在一起的信息，只能用理性的感受来描述，比如信息量大小，可浏览速度快慢。但当浏览过有风格的网站后，读者能有更深一层的感性认识，比如站点有品位、和蔼可亲、像老师、像朋友等。内在的因素自然而然的加以流露。

2. 设计风格与品牌形象的一致性

当设计师确认设计风格时，一个不可忽略的因素就是要了解该网站的品牌形象，只有在了解二者的一致性后，才可以致力于构建页面元素之间的联系。众所周知的 MARS 网站的设计给人一种严谨、一致的视觉感受，符合玛氏全球化的理念。其布局井然有序，主页面、链接页面有章可循，配色方案自成体系，交互方式统一协调，与内容深度联系。

品牌的形象总要与网页的风格相互呼应，当浏览者打开网页，不用看文字解释就能准确与现实品牌相联系，那么这个网页就能够起到承载品牌信息的作用。

3. 设计风格与视觉的一致性

视觉的一致性相当重要。网页中的颜色、元素过多就会给人繁杂、混乱、找不到重点的感觉，因此，网页的设计应该简洁明了。

从网页艺术表现来说，简洁首先是为了突出主题，传达主要意图，删减不必要的琐碎细节。简洁并不意味着功能元素的缺少，而是指要确保网页上的每一个元素都是必不可少的，都必须有其存在的必要性。成熟而优秀的网页作品反映出以少胜多，以一当十的艺术魅力使人回味无穷。中国传统山水画中正是有了留白，才使得尺幅的画卷能承载无限江山。

二、页眉

页眉是网页顶端的文本和图像，是浏览者最先看到的网页信息，是网页设计至关重要的组成部分。现在的页眉已经不局限于单纯地放置 logo 和菜单。页眉的概念被重新定义，突出的设定和富有创新趣味的图片让页眉的设计冲破空间的限制，给浏览者留下深刻印象。

三、文本文字

一个网站需要什么传达信息，可能就是非文字莫属，出现了文字，就会出现文字排版、字体选择、字体颜色、大小与粗细等细节。而这些细节，往往是非常重要的问题。好的文字设计及排版不仅能够准确地传达出设计者的心意，而且能使浏览者在浏览网页时能够有好的心情。

文字无非两个方面，实用性与创意性。实用性自然不必多说，不需要花哨的颜色和设计，能够让浏览者一眼就看出表达内容就是很好地文字设计。国内多用宋体、黑体、楷体等字体，这些字体用显示屏中是最使人眼睛舒服的，符合中国人看字的习惯。

页面里的正文部分是由许多单个文字经过编排组成的群体，要充分发挥这个群体形状在版面整体布局中的作用。从艺术的角度可以将字体本身看成是一种艺术形式，它在个性和情感方面对人们有着很大影响。在网页设计中，字体的处理与颜色、版式、图形等其他设计元素的处理一样非常关键。从某种意义上来讲，所有的设计元素都可以理解为图形。下面主要阐述常见的几种文字处理方法。

① 文字的图形化

字体具有两方面的作用：一是实现字意与语义的功能，二是美学效应。所谓文字的图形化，即是强调它的美学效应，把记号性的文字作为图形元素来表现，同时又强化了它原有的功能。作为网页设计者，既可以按照常规的方式来设置字体，也可以对字体进行艺术化的设计。无论怎样，一切都应围绕如何更出色地实现自己的设计目标做改变。

将文字图形化、意象化，以更富创意的形式表达出深层的设计思想，能够克服网页的单调与平淡，从而打动人心。

② 文字的叠置

文字与图像之间或文字与文字之间在经过叠置后，能够产生空间感、跳跃感、透明感、杂音感和叙事感，从而成为页面中活跃的、令人注目的元素。虽然叠置手法影响了文字的可读性，但是能造成页面独特的视觉效果。这种不追求易读，而刻意追求"杂音"的表现手法，体现了一种艺术思潮。因而，它不仅大量运用于传统的版式设计，在网页设计中也被广泛采用。

③ 标题与正文文字

在进行标题与正文的编排时，可先考虑将正文作双栏、三栏或四栏的编排，再置入标题。将正文分栏，是为了求取页面的空间与弹性，避免通栏的呆板以及标题插入方式的单一性。标题虽是整段或整篇文章的标题，但不一定要千篇一律地置于段首之上。可作居中、横向、竖向或边置、斜置等编排处理，甚至可以直接插入字群中，以新颖的版式来打破旧有的规律。

网页中包含大量信息，将分类信息清晰完美地呈现是网页设计的诉求点。因此版式设计尤为重要。

根据人类视觉心理学的研究，人类视觉诉求力大体是上部比下部强，左半部比右半部强。所以浏览者的眼睛首先看到的是屏幕的中间偏上的区域，然后从页面的左上角逐渐往下看。根据这一习惯，设计时可以把重要信息放在页面的左上角或页面顶部，如公司的标志、最新消息等，然后按重要性依次放置其他内容。

【练习1】

题目：根据人类视觉习惯，为护肤品牌LAMER设计一个规范、理性的网页。

要求：能体现网站结构，色调典雅。

根据统计显示，网页首屏的最佳尺寸是1002px×623px，如果要给网页做一个背景，那么宽度通常设定为1920px，可以适应不同的显示器。

图 6-1　新建 AI 文档

1. 新建一个 AI 文档，其参数设置如图 6-1 所示。激活"矩形"工具，在文档的中央绘制 1002px×623px 的矩形作为首页尺寸，效果如图 6-2 所示。这个尺寸是全屏显示尺寸，网页的宽度固定，高度是可以调整的。

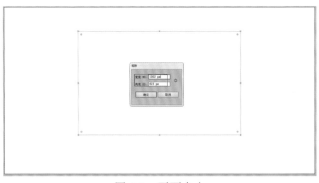

图 6-2　页面大小

2.选用品牌标准色作为背景色，网页填充白色，效果如图6-3所示。然后激活"直接选择工具"，如图6-4所示选中网页左上角圆形图标控制点，按住鼠标左键拉动至适当位置，形成一个圆角。

3.在网页左上圆角位置置入品牌LOGO，最佳视域位置置入通栏广告图片，顶端上部和左侧是菜单栏。如图6-5所示，把整个网站的基本框架建立起来。

4.接下来进行分栏排版。设计规划分为三栏，中间一栏比较宽，左右两栏面积对称，效果如图6-6所示。当然也可把背景和通栏去掉，完全按三栏编排，效果如图6-7所示。

图6-3　圆角工具

图6-6　完稿1

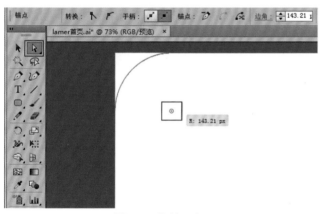

图6-4　拖拽一角

图6-7　完稿2

图6-5　理性排版

【练习2】

题目：为艺术家David Hockney设计个人网站首页，按照横向视觉流程排版。

要求：个性化，简洁的风格，突出作品。

图6-8 新建AI文档

1. 新建一个AI文档，其参数设置如图6-8所示。然后背景填充为黑色，置入相关素材图片，效果如图6-9所示。

2. 激活"矩形"工具，分别在图片上建立8个等大的白色矩形，并在横向任务栏中点击"垂直居中对齐"按钮，使白色矩形间距相等并对齐。再调整下方图片的位置大小，使之大于白色矩形，效果如图6-10所示。

图6-9 置入图片

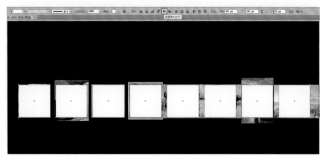

图6-10 制作剪切蒙版1

3. 选中图片和白色矩形，单击鼠标右键，在弹出的下拉菜单中选择"建立剪切蒙版"选项，效果如图 6-11 所示。设置图片"描边"宽度为 1.5px，效果如图 6-12 所示。

4. 接下来为图片制作镜像效果。选中该组图片，复制后置于下方，效果如图 6-13 所示。

5. 如图 6-14 所示，单击鼠标右键，选择"变换"→"对称"选项，在弹出的对话框中，选择"水平"选项，如图 6-15 所示单击"确定"按钮，得到镜像效果。

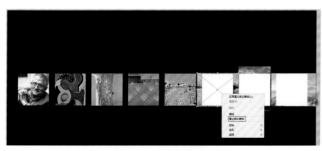

图 6-11　剪切蒙版 2

图 6-12　剪切蒙版效果

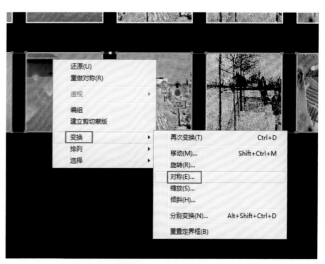

图 6-14　对称变换

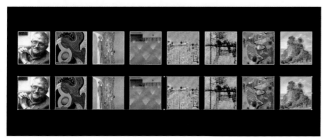

图 6-13　复制

图 6-15　镜像

　　　　　　　　　　　　第 6 章　网页的编排 ◆

6. 在"窗口"菜单中打开"透明度"面板，设置不透明度为50%，效果如图6-16所示。然后在"渐变"浮动面板中设置如图6-17中所示参数，即可创建倒影效果。

7. 用AI制作倒影效果并不是该软件的特长，理想的方法是采用PS制作。将AI中的图片"复制"并"粘贴"到新建的PS文档中，此时图层呈现智能对象状态，如图6-18所示。单击鼠标右键将该图层如图6-19所示选择"栅格化图层"选项，即可编辑该图层。

8. 在PS中激活"渐变"工具，设置如图6-20参数，然后拖拽鼠标，做线性渐变，然后置入到AI中，效果如图6-21所示。

图 6-16　不透明度

图 6-17　线性渐变

图 6-18　复制粘贴于 PS 文件

图 6-19　栅格化图层

图 6-20　处理倒影

图 6-21　横向视觉流程

此种横向视觉流程给人以稳定、恬静之感。沿页面的中轴将图片或文字作水平或垂直方向的排列。水平排列的页面，给人平静、含蓄的感觉。

因为每张图片都是一个链接，因此点击任一图片都将进入网页的链接页，链接页在编排上依然呈现垂直方向视觉流程的设计，如图6-22所示。垂直方向视觉流程给人竖定、直观的感受。如图6-23所示竖向版式。

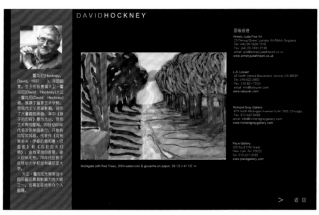

图 6-22　竖向视觉流程

图 6-23　竖向视觉流程案例

【作业1】

题目: 为光明酸奶设计网页,用曲线型视觉流程排版。

要求: 色彩明快, 风格活泼。

1. 绿色是该产品包装色系作为网页的主体色。设想主体图形为一个椭圆形,将导航栏置于弧线上,如图 6-24 所示将所有文字内容与弧线相呼应,给人以活泼的感觉。这种版式效果整体感强,其关键是将所有信息作为一个整体来设计,有别于其他网站的满版编排。

2. 相似案例: 弧线形(C形)编排如图 6-25 所示,视觉流程具有扩张感和方向感。

图 6-24 曲线形案例 1

图 6-25 曲线形案例 2

1. 图 6-26 中该网页以纸飞机作为导向，大的纸飞机首先吸引观众视线，导向观者从右向左依次浏览精彩的图片内容；小的纸飞机则吸引观者注意到公司 LOGO 和菜单内容。网页整体色调明度很高，这样使人心情为之一振。字体的选用方面，也配合整体风格，传达一种浪漫轻松愉悦的度假心态。

2. 图 6-27 中该网页以灯笼作为导向，将观者的思绪随着景深带向远方。这类导向偏重抒情，选用极具视觉效果的图片使观者一见难忘，并产生联想。将菜单广告语和链接等全部放在实景区域这样既不会与景深产生视差，也强调了主要内容；手写体的字体符合游记的风格；黑夜色调使页面看起来层次分明。

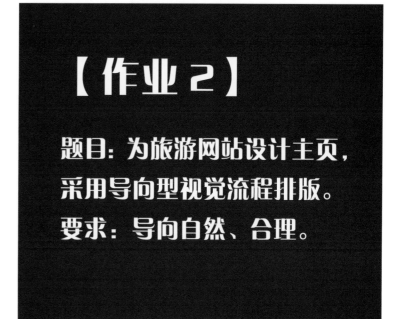

图 6-27 导向型案例 2

图 6-26 导向型案例 1

【作业 3】

题目：为康师傅方便面设计主页，采用焦点型视觉流程排版。

要求：突出产品，色彩明快，引人食欲。

1. 作为焦点型网页，如图6-28所示，只露出半只碗比完全展示产品更加吸引观者。色香味俱全的视觉刺激升级为感官刺激，使人仿佛能够闻到面的香味。链接按钮和菜单排列在下方，相关信息和广告语隐在一片绿色之中，自然和谐。中式窗棂、竖式排版的书法字体和链接按钮，使整个页面突出了中国风。突出网页主题中式美食——小鸡炖蘑菇。

2. 同样是食品类，也同样是焦点型视觉流程排版，图6-29这个案例采用了完全不同的编排手法。背景采用了模糊和统一的色调，把环境大体勾勒出来，突出清晰的主图。这样结合了横向和焦点视觉流程。

图6-30也是典型的焦点型视觉流程设计。

图 6-28　焦点型案例 1

图 6-29　焦点型案例 2

图 6-30　焦点型案例 3

重复的版式设计、多变的色彩组合使页面稳重而不乏时尚感，如图6-31～图6-33所示重复型案例。

图 6-31　重复型案例 1

图 6-32　重复型案例 2

图 6-33　重复型案例 3

【作业 5】

题目: 为某儿童品牌设计网页,采用散点型视觉流程。

要求: 符合该品牌特征,注重自由、趣味性。

散点视觉流程强调感性、自由性、随机性、偶合性。视线随视觉做或上或下、或左或右的自由移动。这种视觉流程生动有趣,给人一种轻松随意和慢节奏的感受,如图 6-34 ~ 图 6-38 所示散点型案例。

图 6-34　散点型案例 1

图 6-35　散点型案例 2

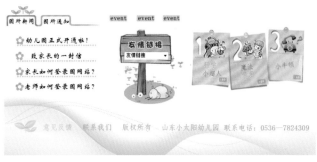

图 6-37　散点型案例 4

图 6-38　散点型案例 5

图 6-36　散点型案例 3